JN209316

基礎から学ぶ GIS・地理空間情報

Introduction to GIS and Geospatial Information

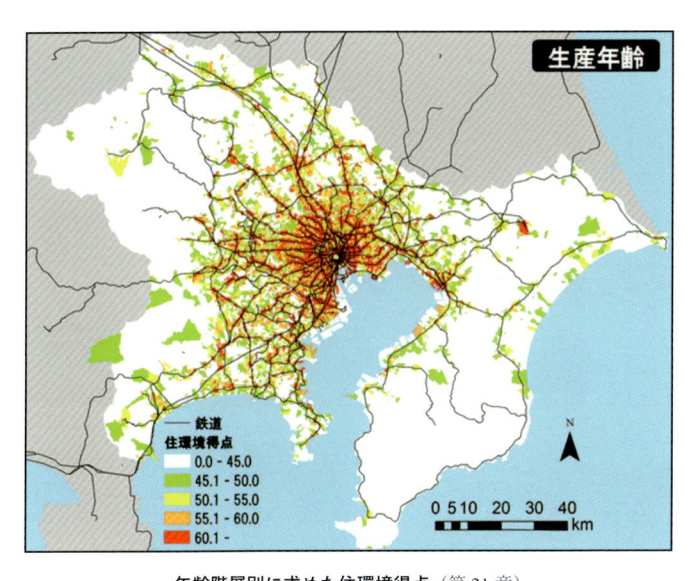

年齢階層別に求めた住環境得点（第 21 章）
出典：国勢調査（2000 年，2005 年，2010 年）をもとに作成.

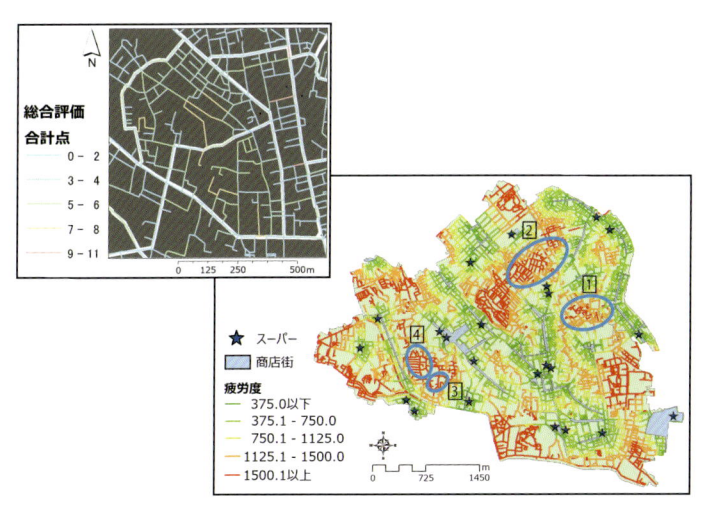

学生演習を通じて指標化を試みた文京区内の歩行環境の安全性（左）と
生鮮食料品店へのアクセス性（右）（第 21 章）出典：関口ほか（2018）.

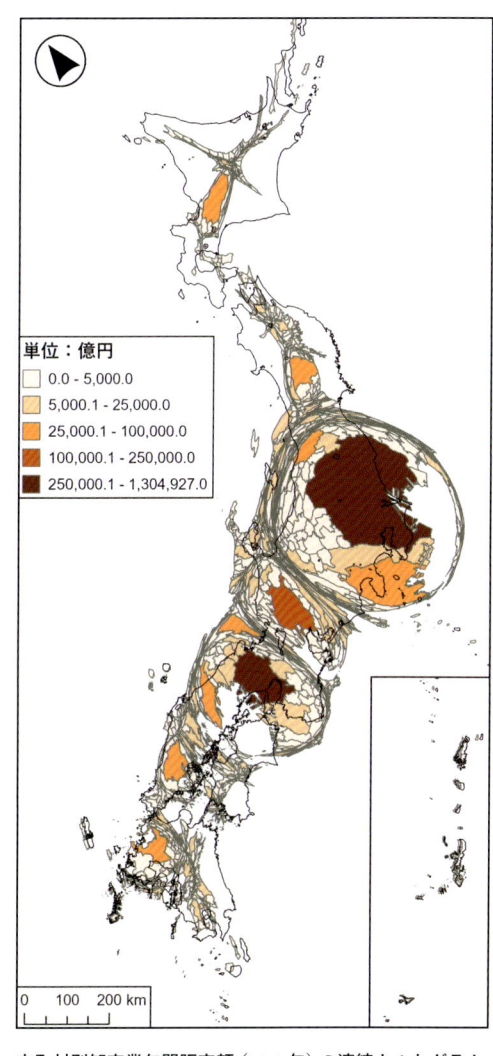

市町村別卸売業年間販売額（2012 年）の連続カルトグラム
（第 4 章）出典：経済センサスのデータをもとに作成.

フォールスカラー画像

ナチュラルカラー画像

トゥルーカラー画像

マルチスペクトルの衛星画像の主
な合成方法（画像はすべて滋賀県
湖東地域）（第 19 章）
出典：JAXA ALOS（Advanced Land
Observing Satellite, 2009 年 5 月 18 日
観測）.

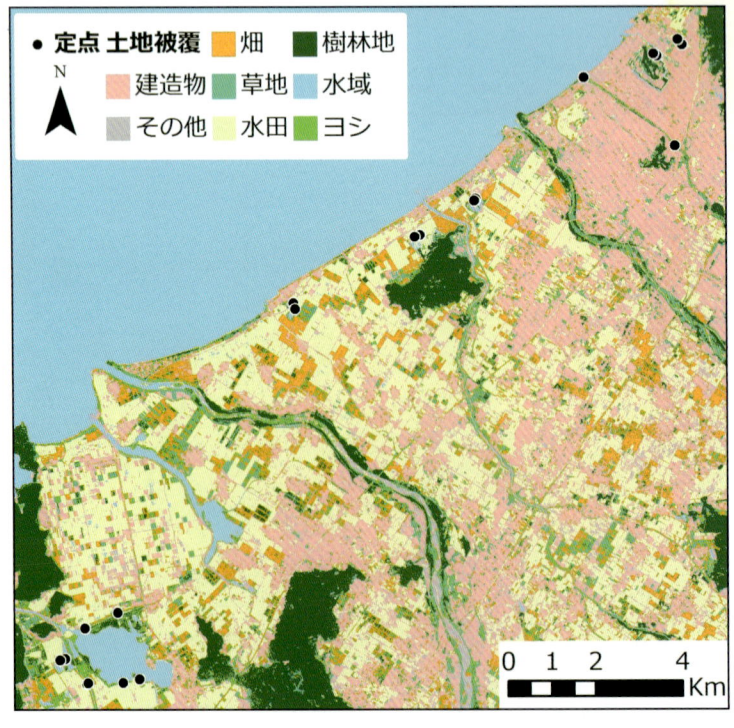

- 定点 土地被覆 　畑　樹林地
N　建造物　草地　水域
その他　水田　ヨシ

0　1　2　4 Km

リモートセンシングで作成した土地利用被覆図（滋賀県湖東地域）（第 19 章）
出典：ALOS 搭載のセンサ AVNIR-2 の観測データを教師付き分類に基づいて作成.

京都の3次元地図に重ねた2020年の大学生人口比率（第4章）
出典：国勢調査のデータをもとに作成.

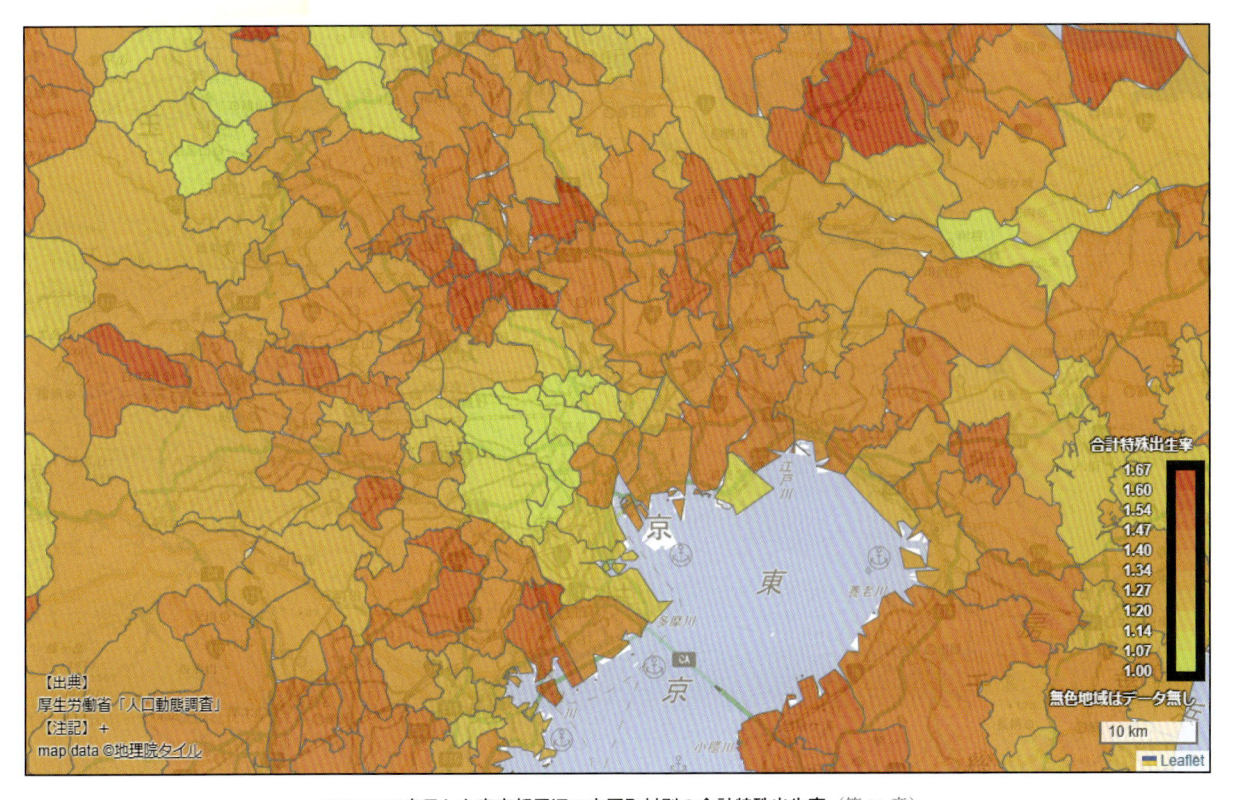

RESASで表示した東京都周辺の市区町村別の合計特殊出生率（第21章）
出典：RESAS（地域経済分析システム）「人口マップ・人口の自然増減」.

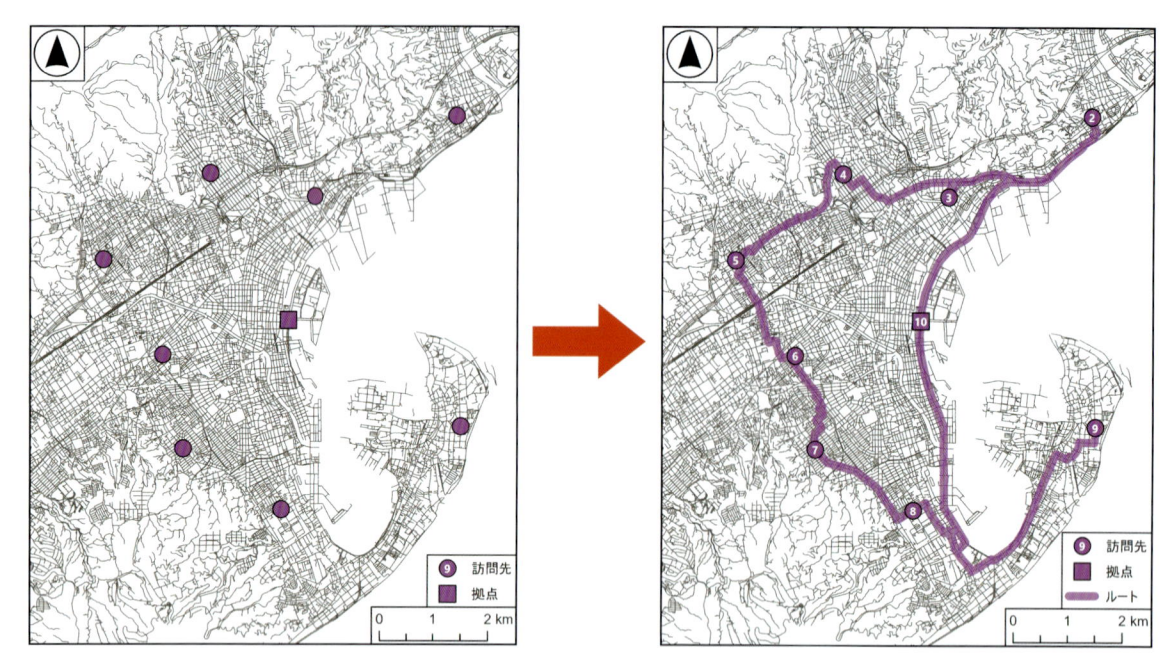

訪問先を効率的に巡回するためのルートの計算（第 12 章）
拠点の位置と訪問先を地図に表示（左），ネットワーク分析をして表示された訪問先へのルートと順番（右）．出典：地理院地図 Vector．

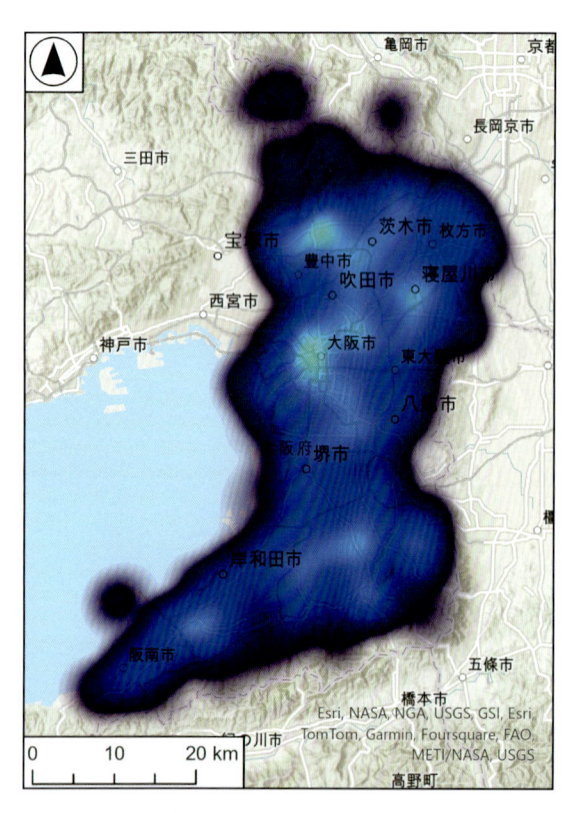

大阪府内のバス停のヒートマップ（第 4 章）
出典：国土数値情報のデータをもとに作成．

現地調査での調査結果の地図表示（上）と属性表示（下）（第 17 章）
紫色の点は，現地調査で収集した対象物（駐車場のほか，自動販売機と電柱）の位置．調査には Epicollect5 を使用．
出典：© OpenStreetMap contributors．

GIS・地理空間情報

Introduction to GIS and Geospatial Information

桐村 喬・上杉昌也・米島万有子・相 尚寿・鈴木重雄 著

古今書院

Introduction to GIS and Geospatial Information

Kirimura Takashi, Uesugi Masaya, Yonejima Mayuko, Ai Hisatoshi and Suzuki Shigeo

ISBN978-4-7722-3205-0 C3055

Kokon Shoin Publishers Ltd., Tokyo, 2024

はじめに

◆地理情報システム（GIS）と地理情報科学

　GIS という言葉を聞いたことはあるでしょう
か．現役の高校生であれば，必修になっている
地理総合の授業で聞くはずです．もしくは，学
校ではまったく習っていない世代かもしれませ
ん．そのような人でも，GPS という言葉であれ
ば聞いたことがあるでしょうし，スマートフォン
の Google マップを使ったことがある人も多いで
しょう．実は，GPS で得られるデータを処理す
るためには GIS が必要不可欠で，GPS を使って
現在地を地図で表示する際には必ず GIS が使わ
れます．また，Google マップも，GIS という技
術がなければ地図も表示できません．表には出て
きませんが，GIS は縁の下の力持ちなのです．

　GIS は，地理空間情報という場所や位置につい
てのデータを取り扱いますので，GIS を学ぶとき
には，そのための専用のソフトの操作方法を学ぶ
ことが中心になります．しかし，操作方法を理解
できても，どのように活用すればよいのか，また，
適切な方法で GIS を利用するにはどのようにす
ればよいかということまで理解することができま
せん．地理情報科学は，そのような GIS を取り
巻くさまざまな知識や技術，分析のための方法な
どについての学問です．地理情報科学を学んだう
えで，GIS ソフトの使い方を学習することで，さ
まざまな地理空間情報の分析や処理を GIS ソフ
トで行うことの意味も考えながら，GIS ソフトの
使い方を深く理解することができます．

◆本書のねらいと構成

　本書は，そのような GIS と地理空間情報，GIS
についての学問である地理情報科学についての入
門書です．GIS を使うためには，GIS ソフトの操
作方法を理解する必要があるため，特定のソフト
の使い方についての教科書はいくつか刊行されて
いますが，GIS 全般についての知識中心の教科書
はあまりありません．また，数学や理科の一定の
知識が必要になるような専門書もあります．本書
は，そのような知識を必ずしも必要としない，理
解しやすい内容の入門書を目指しています．

　本書は，基礎編の第 1 ～ 14 章と応用編の第 15
～ 22 章に分かれています．まず，基礎編のうち，
第 1 章は，地理情報科学と GIS との関係や，地理
空間情報という言葉の意味を解説しており，GIS
でどのようなことができるのかについて，事例を
通して紹介します．また，GIS の歴史や，高校ま
での地理と GIS の関係などについても詳しく解説
されています．第 2 章は，人工衛星を使った位置
情報サービスなど，スマートフォンで利用できる，
身近な GIS について解説しています．また，位置
情報データというビッグデータがどのように活用
されているかなどについて，事例とともに紹介さ
れています．第 3 章は，現実世界を GIS がデジタ
ルデータとしてどのように表現しているのかにつ
いて解説しています．第 4 章は，GIS を使ってど
のように地図を描くのかについて，地図表現の方
法や 3D を使った地図表現などとともに説明して
いる章です．第 5 章は，データの検索や統合，重
ね合わせによる処理・計算など，GIS データの処
理方法について説明しています．第 6 章は，GIS
データを自分で作成する方法として，どのような
データが必要になるかについて解説したうえで，
それを作成するための方法であるアドレスマッチ
ングについて紹介しています．また，画像データ
を GIS データにするジオリファレンスという方法
も解説しています．第 7 章は，インターネットか

ら入手できるものを中心に，さまざまな GIS データについて解説しています．第 8 章は，GIS データを空間的に分析するための基本的な考え方について，距離を基準とした位置関係や隣接関係の分析を例に紹介しています．第 9 章は，GIS データを統計的に分析するための考え方を解説するものです．回帰分析のような統計学的な考え方だけでなく，GIS データという地理的な性質をもったデータを統計的にどのように取り扱いながら分析する必要があるのかについて丁寧に解説しています．第 10 章と第 11 章は，画像データなど，ラスターデータと呼ばれる GIS データを解析するための方法について解説するものです．第 10 章では，自然・環境系の視点から，よく用いられる解析のアプローチが解説されています．第 11 章では，人文・社会系の視点からの解析のアプローチについて説明しています．第 12 章は，カーナビやルート検索アプリでも最短ルートを求めるときに使用されている，ネットワーク分析ついて解説しています．第 13 章は，いくつかの実例を通して，GIS を使ってさまざまな地域課題を解決する方法について，会話形式で解説するものです．第 14 章は，GIS がどのように社会との関わりをもち，どのように社会を変えていくのかについて，事例を示しながら解説します．

第 15 章からの応用編には，やや専門的な内容も含まれます．第 15 章は，インターネットを使った GIS である WebGIS や，クラウドサービス上の GIS について，実際のサービスを例にして紹介しています．第 16 章では，さまざまなデータを円滑に共有・使用するための仕組みであるオープンデータについて解説し，OpenStreetMap という誰でも地図作成に参加できるウェブサービスを事例として，参加型 GIS と呼ばれる新しい形の GIS を紹介します．第 17 章では，スマートフォンを使って野外で調査を行い，GIS データを収集する方法と，ドローンを使って GIS データを作成する方法について解説します．第 18 章は，GIS が大きな力を発揮する場面である災害時や防災のための活動での活用方法や事例について具体的に解説します．第 19 章は，リモートセンシングと呼ばれる，衛星に搭載したセンサで取得した衛星画像やさまざまな観測データを用いた分析方法について解説します．第 20 章は，GIS がどのような学術的な研究に利用されているのかについて，特に自然・環境系での研究事例を中心に紹介します．第 21 章は，GIS がよく利用される，まちづくりの現場での活用方法について，具体的な事例を示しながら解説するものです．第 22 章は，社会的にも注目されるようになったデータサイエンスに GIS を用いる，地理データサイエンスについての具体的な分析，可視化の事例や，AI を用いた最新の動向などについて解説します．

◆本書の使い方

ほとんどの章では，冒頭にその章で学ぶポイントが示されています．また，章の最後には課題として，読者のみなさんが各自で考えてもらいたいことが示されています．そして，おわりにではもっと学びたい人向けに，参考文献や参考情報を紹介しています．

本書では，基礎編については第 1 章から順番に読み進めていくことを想定しています．わからない用語があれば，索引を使いながら，解説がある章を探してみてください．大学の授業などで用いる際には，基礎編を中心に利用しつつ，授業の後半では応用編について紹介するとよいかもしれません．

なお，ページ数に限りがあるため，章によっては説明が不十分に感じられることもあるかもしれませんが，ご容赦いただければ幸いです．本書が GIS や地理情報科学を学びたいと思った方々のお役に立てるのであれば，執筆者にとってこの上ない喜びとするところです．

執筆者を代表して
桐村　喬

▶ 目 次

はじめに　i

基礎編

第1章　地理とGIS ································· 1

1.1　地理情報科学とGIS　1
1.2　地理空間情報　1
1.3　GISの基盤となる地図　2
1.4　GIS　4
1.5　GISの発展　5
1.6　地理情報科学の関連分野　6
1.7　GIS教育・人材育成　6

第2章　身近なGIS ································· 8

2.1　測位技術の発達と身近な位置情報　8
2.2　位置情報データの蓄積とビッグデータ・オープンデータ　9
2.3　コロナ禍での活用　10
2.4　施設管理での活用　10

第3章　現実世界をGISでみると ················ 12

3.1　GISで現実世界を表す　12
3.2　GISデータの基本構造　13

第4章　GISで地図を作る方法 ················· 17

4.1　主題図と一般図　17
4.2　GISを使ったさまざまな地図表現　18
4.3　視覚的にわかりやすい地図表現　19
4.4　地図の投影　21
4.5　GISソフトで実際に地図を描くには　22

第5章 GISデータの取り扱い方 ⋯⋯⋯⋯⋯⋯⋯⋯ 23

5.1 データの検索 23
5.2 データの統合 24
5.3 空間データの結合 26
5.4 オーバーレイ 27
5.5 ラスター演算 29

第6章 GISデータの作り方 ⋯⋯⋯⋯⋯⋯⋯⋯ 30

6.1 XYデータの変換 30
6.2 アドレスマッチング 31
6.3 ジオリファレンス 32

第7章 さまざまなGISデータ ⋯⋯⋯⋯⋯⋯⋯⋯ 34

7.1 GISデータ 34
7.2 国が提供するGISデータ 34
7.3 民間企業のデータ 35
7.4 海外のGISデータ・衛星画像 37
7.5 その他のウェブサイト 38

第8章 GISデータの空間分析 ⋯⋯⋯⋯⋯⋯⋯⋯ 41

8.1 バッファ 41
8.2 地物間の距離計算 42
8.3 ボロノイ図と最寄り検索 43
8.4 近接関係とドロネー三角形分割 44

第9章 GISデータの統計分析 ⋯⋯⋯⋯⋯⋯⋯⋯ 47

9.1 さまざまな統計的手法 47
9.2 空間分析における集計単位とスケール問題 49
9.3 点分布パターン分析 50
9.4 空間的自己相関 52

第10章 ラスターデータの解析① ⋯⋯⋯⋯⋯⋯⋯⋯ 54

10.1 ラスターデータの概要 54
10.2 ラスター演算による分析 55
10.3 サーフェス解析 55
10.4 陰影と日射量推定 56
10.5 水系分析 56

| 第11章 | ラスターデータの解析② | 58 |

11.1　人文・社会的な分析　58
11.2　カーネル密度推定　59
11.3　空間補間　61

| 第12章 | ネットワーク分析 | 63 |

12.1　GISの世界でのネットワーク　63
12.2　地図アプリのルート検索とその仕組み　65
12.3　道路ネットワーク分析のためのデータ　66
12.4　道路ネットワーク分析の応用　67

| 第13章 | GISで地域課題を解決しよう | 69 |

13.1　公共施設の配置問題　69
13.2　緑地の価値の評価　71
13.3　デング熱の流行リスク評価　73
13.4　野生動物の被害問題　75

| 第14章 | GISと社会 | 78 |

14.1　GISの成り立ちと社会　78
14.2　デジタル化する地図　79
14.3　Society5.0時代のGIS　80

応用編

| 第15章 | WebGIS・クラウドGIS | 83 |

15.1　GISとインターネット　83
15.2　WebGISからクラウドGISへ　84
15.3　クラウドGISの活用　85

| 第16章 | オープンデータと参加型GIS | 89 |

16.1　GISデータは誰が作ってきたか　89
16.2　クリエイティブコモンズライセンス　89
16.3　GISとオープンデータ　91
16.4　OpenStreetMapと参加型GIS　93

第17章　野外調査・ドローン ……………………………………… 95

17.1　スマートフォンを用いた野外調査　95
17.2　大学講義でのグループ調査事例　95
17.3　ドローンの活用　97

第18章　GISと災害・防災 ……………………………………… 99

18.1　さまざまなフェーズにおけるGISの活用　99
18.2　平常時の防災・減災活用　99
18.3　災害時の活用　102
18.4　復旧・復興期の活用　104

第19章　リモートセンシング ……………………………………106

19.1　リモートセンシングの基礎知識　106
19.2　地球観測衛星の種類　108
19.3　リモートセンシングによる分析　109

第20章　生態環境の解析におけるGISの利用 ……………112

20.1　植生・土地利用の時系列空間変化　112
20.2　生物分布推定モデルの構築　115
20.3　自然環境評価におけるGISや空間情報の活用　116

第21章　まちづくりとGIS ……………………………………117

21.1　まちづくりとGIS　117
21.2　コンパクトシティとGIS　117
21.3　空き家対策とGIS　118
21.4　住民参加とGIS　119
21.5　WebGISを用いた情報提供　120

第22章　地理データサイエンス ……………………………………122

22.1　地理空間ビッグデータ　122
22.2　データ解析　123
22.3　GeoAI　126
22.4　課題と展望　127

おわりに　129
もっと学びたい人へ　130
索引　132

第1章 地理とGIS

本章のポイント

◆ 地理空間情報の役割と，地図やGISとの関連性について理解しよう．

◆ GISや地理情報科学が，社会において重要性を高めてきた背景や経緯について理解しよう．

1.1 地理情報科学とGIS

　私たちの生活の中には，天気予報や経路検索など地図によって支えられているサービスが数多くあります．これらのサービスは，スマートフォンなどでも利用できるようになり，ますます身近なものになっています．しかし，例えば天気予報であれば気象観測データや大気の動きなどをシミュレーションするための地形・土地利用データ，経路検索であれば道路の種類や交通規制を含む詳細な地図データや交通状況情報などの地理情報が不可欠です．

　また，これらの地理情報に関わるサービスを支える技術が**地理情報システム**（GIS: Geographic Information System）です．GISについては後で詳しく説明しますが，上記の例以外にも，「どの地域が災害のリスクが最も高く，重点的に防災対策を実施すべきか？」「消費者の購買力が高く競合が少ない地域で，新規店舗を出店する最適な場所はどこか？」のような位置に関する**意思決定**をする際のプロセスを支援し，多くの産業や公共政策においても大きな役割を果たしています．

　そして，地理情報を扱う際の理論的な枠組みや技術的な基盤を提供するのが**地理情報科学**です．地理情報科学は，地理的なデータとその解析に関連する広範な分野を包括します．地理情報科学を提唱したGoodchild（1992）も明確な定義をしているわけではありませんが，GISは地理情報科学の原理に基づいており，この分野では最も重要

なツールの1つといえます．このような背景からGISは，システムの面を強調したGISystemだけでなく，科学の面を強調した**GIScience**とも表現されることがあります．

1.2 地理空間情報

1.2.1 地理空間情報の定義

　地理情報は，特定の地理的位置や地球上の場所に関連する情報を指します．これには，緯度と経度によって指定される特定の地点や，国・都市などのより広範な地理的特徴が含まれます．類似した用語に空間情報もありますが，空間情報は室内空間や仮想空間も含めたより広い意味での空間の概念や情報を扱います．これらを包含した**地理空間情報**という言葉もよく使われます．

　2007年に施行された**地理空間情報活用推進基本法**では，地理空間情報とは，空間上の特定の地点又は区域の位置を示す情報（位置情報）だけでなく，位置情報とそれに関連付けられた情報と定義されています．この定義に示されるように，地理空間情報の多くは位置に関する情報に加えて，それに関連する情報（属性情報）が対になります（図1.1）．

　地理空間情報は多岐にわたり（第7章参照），地形や気象データ，土地利用データ，人口統計データなどが含まれ，最近生活の中で身近にもなってきた人流（じんりゅう）データやソーシャルネットワーキングサービス（SNS）データも該当します．地理空間

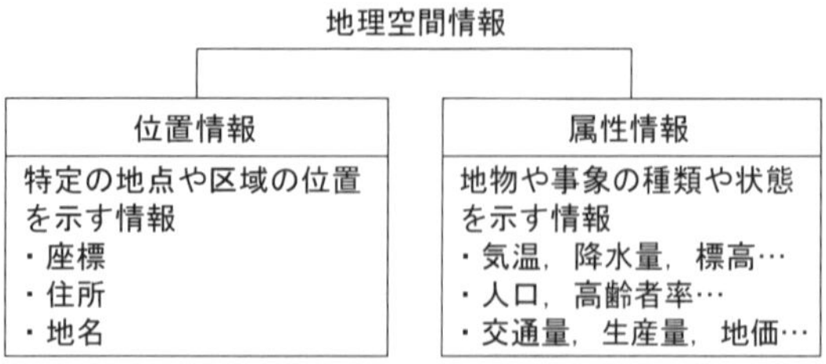

行政区	人口（人）
千代田区	66,680
中央区	169,179
港区	260,486
新宿区	349,385
…	…

図 1.1　地理空間情報とその例

情報は時空間的な変動を考慮することで，ある地域での特定の時点や期間における変化を捉えることもできます．また，このようなデータは，都市計画の最適化や農業の生産性向上，災害リスクの評価などの基礎となります．

なお，さまざまな地理空間情報を異なる種類のシステムで利用できるように，地理空間データの取り扱いや交換のための共通の規格として**地理情報標準**と呼ばれるものがあります．国土地理院では，より実用的なルールとしてこれらを体系化し，地理情報標準プロファイル（JPGIS）を作成しています．国土交通省が提供する国土数値情報をはじめ，多くの GIS データがこれに準拠して整備されており，地理空間情報のさらなる活用や共有が進められています．

1.2.2 位置情報の取得

地理空間情報の精度と有用性を高めるためには，正確な位置情報が不可欠であり，ここで **GNSS（全地球航法衛星システム）**が重要な役割を果たします．準天頂衛星システム「**みちびき**」は，日本が開発した GNSS で，米国が運用する **GPS（全地球測位システム）**を補完し，特に GPS の信号が弱い都市部や山間部での測位精度を向上させることを目的としています（第 2 章参照）．これにより，センチメートル級といった位置情報の精度の大幅な向上が可能になります．位置情報の取得がより正確になることで，カーナビやスマートフォンなどのナビゲーションシステムの誘導精度の改善などにも寄与しています．またこのような高精度測位は，今後さらに実用化が進むと期待される自動運転やドローン配送などにも不可欠になります．レーザースキャナなどを活用した高精度 3 次元地図の構築や，それに交通情報などを付加したダイナミックマップの開発・整備も官民を挙げて進んでいます．

1.3 GISの基盤となる地図

1.3.1 地図による地理空間情報の可視化

地図は，物理的な空間を縮小したモデルとして，地形や建造物，道路などの地理的要素を表します．地図は，方位，スケール（縮尺），凡例（記号の説明）などの要素を含み，これらを通じて地理情報を伝えます．また，地図は特定の目的に応じてさまざまな形式で作成されます．例えば，気候図であれば地域の平均気温や降水量，観光地図であれば観光スポットや宿泊施設の位置を示すことが重視されます．

地理空間情報を可視化するために，統計数値を色や記号に置き換えて地図上に表したものを**統計地図**といいます．地理空間情報は，現実空間と対応づけられている位置に関する情報を持つデータであるため，地図と対応づけて表現することができます．特に，データの位置や広がり，つながりに関する相互関係は視覚を通して地図上に表すとわかりやすくなります．

図 1.2 は，地域の人口に関する統計情報を地図化した一例で，福岡市における単独（単身）世帯の分布を町丁別に示したものです．表形式の情報ではわかりにくいですが，地図化することで単身世帯は均等に広がって居住しているわけではなく，特定の地域に偏っていることが把握できます．さらに，鉄道網の分布や大学の立地を重ねると，その周辺に単身世帯が多い地域と重なっていることもわかり，地理的現象の背景を考察することもできます．

地図は情報を可視化するだけでなく，問題解決や意思決定にも役立ちます．地図上にさまざまなデータを重ね，異なる情報の関連性を視覚的に理解することで，地理的なパターンや相関関係が直感的に把握でき，効果的な分析が可能となります．有名な例として，19 世紀中頃のロンドンで発生したコレラの流行を解析した医師スノーのコレラ地図があります（図 1.3）．彼はロンドンのソーホー地区でのコレラの死亡者の居住地を地図上に記録し，特定の井戸がコレラ患者の集中と関連していることを発見しました．そこで，この井戸の使用を中止することを地元当局に説得し，その結果，この地域のコレラ感染を減少させました．

地図化の方法にはデータや表現したいことによってさまざまな方法があり，適切な手法を選択することが重要です（第 4 章参照）．代表的な表現方法として，数値を階級に区分して模様や色で表現した**階級区分図**（コロプレスマップ）や，ドット（点）によって統計

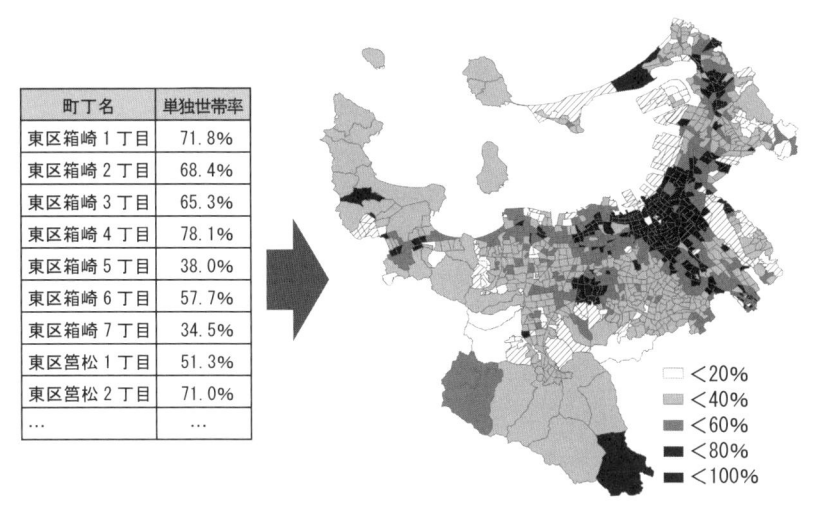

町丁名	単独世帯率
東区箱崎 1 丁目	71.8%
東区箱崎 2 丁目	68.4%
東区箱崎 3 丁目	65.3%
東区箱崎 4 丁目	78.1%
東区箱崎 5 丁目	38.0%
東区箱崎 6 丁目	57.7%
東区箱崎 7 丁目	34.5%
東区筥松 1 丁目	51.3%
東区筥松 2 丁目	71.0%
...	...

<20%
<40%
<60%
<80%
<100%

図 1.2　統計情報（福岡市における町丁別の単独世帯率）の地図化
出典：令和 2 年国勢調査のデータをもとに作成．

図 1.3　スノーのコレラ地図
出典：Wikipedia（パブリックドメイン）．

量の分布を表したドットマップ，同じ値の地点を連ねた線により統計量の分布を表した等値線図，人やモノの移動を帯状の線を用いて表現した流線図，統計量を円や球などで表現した図形表現図，地表面を方眼（**メッシュ**）で区切って統計量を表したメッシュマップ，統計量が面積に比例するように変形させて表現したカルトグラムなどがあります．

1.3.2 デジタル地図

デジタル地図とは，地形や地物（地表上の物体）などの地図情報をデジタル化して数値データとして記録したもので GIS の基盤になります．デジタル地図の例として，まず**地理院地図**があります．国の機関である国土地理院が整備した地図や空中写真など国土の様子をウェブ上で閲覧できます．ここで提供される**電子国土基本図**は，国土の現況を統一した規格で表し，さまざまな地図の基礎となる国土基本図をデジタル化したものです．また，Google 社の Google マップや LINE ヤフー社の Yahoo!地図は，民間企業が提供する地図情報サービスです．Google マップでは，「地図」「航空写真」等のベースマップが用意されており，その上に交通状況や地形といった情報を表示できるほか，ルート検索やスポット機能等も搭載されています．ただし利用者による情報も反映されるため，誤った情報が提供される可能性や，利用者が少ない場所などは精度が悪くなる可能性もあります．さらにオープンデータとして利用可能な地図として，**OpenStreetMap** もあります（第 16 章参照）．誰でも自由に編集・利用ができるため，地図のウィキペディアとも呼ばれていますが，必ずしも定期的に更新されるわけではないことは注意が必要です．

また，サービスによっては地図の Web API（Application Programming Interface）を提供しているものあります．API は，ウェブサイトやアプリケーションに地図を組み込んだり，地理情報サービスを提供するためのプログラムで，開発者は地図上に任意のデータを表示したり，利用者の位置情報を活用したりすることが可能になります．

これらのデジタル地図の利点としては，アクセスが容易で縮尺が自由なこと，検索等の機能が充実していること，編集がしやすいことなどが挙げられます．一方，それぞれのデジタル地図には特性の違いがあり，利用する際にはそれを理解することが重要です．また，地図には著作権があり，改変して利用できる条件や商用利用できる条件など，それぞれの利用規約で著作権ポリシーを確認することも不可欠です（第 16 章参照）．

 1.4 GIS

1.4.1 GIS でできること

GIS は，1.2 で述べた地理空間情報を収集，管理，分析するためのツールです．GIS は，地理空間情報を統合し，地図上で視覚的に表現することで空間的なパターンや関係を理解しやすくし，さまざまな意思決定を支援します．以下では，情報の管理・統合，情報の可視化，情報の分析，情報の共有について簡単に説明します．

(1) 情報の管理・統合：GIS では，異なる種類の地理空間データを「**レイヤー**」として重ね合わせて表示し，情報の管理・統合を行います（第 2 章参照）．GIS でのレイヤーの概念は，地図上に異なる情報を層のように重ね合わせることを指します（図 1.4）．これにより，複数の地理空間情報を 1 つの地図上で統合的に扱うことができます．

(2) 情報の可視化：文字や数字だけでは把握しにくい情報の空間的な特徴を表現できます．位置情報を持つ地理空間データは，地図と対応させることで，その特徴や傾向を表現できます．

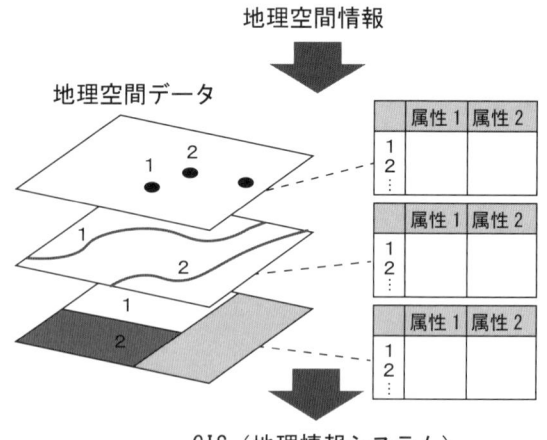

図 1.4　GIS の概要

GIS を用いることで，2 次元だけでなく，3 次元やアニメーションでも表現することができ，視覚化の効果を高めることができます．

(3) 情報の分析：空間分析は，1 つまたは複数の地理空間データの空間パターンや関係性を導き出すもので，合理的な意思決定や課題解決に役立てることができます．具体的な分析手法として，オーバーレイ分析やバッファ分析，ネットワーク分析などが含まれます（第 5 章，第 8 章，第 12 章参照）．

(4) 情報の共有：作成した地図や分析結果を GIS のオンラインプラットフォームを通じて視覚的・効率的に伝え，共有することができます．多くの人々と情報を共有することで，協力して問題解決を図ることが可能になります．

1.4.2 GIS のソフトウェア

地理空間情報を扱うためには，デジタル地図を基盤とした専用のソフトウェアを使用します．有償のものとしては，ESRI 社の ArcGIS やインフォマティクス社の SIS などがあります．また，フリー（無償）のものとしては，QGIS（QGIS Development Team）や MANDARA（元埼玉大学谷謙二氏）があります．なお R や Python（パイソン）などのプログラム言語でも，地理空間情報を扱うことのできる環境が整いつつあります．

これらのデスクトップ型の GIS ソフトウェア以外にも，インターネットを通じて GIS の機能を提供する技術の開発も進んでいます．**WebGIS**（第 15 章参照）は，より簡単にウェブブラウザやモバイル端末を介してインターネット上で地理空間データを可視化・解析・共有できるサービスで，国・自治体や民間企業などがサービスを提供しています．代表的なものとして，総務省統計局の jSTAT MAP や内閣府などの RESAS（地域経済分析システム）などがあり，ウェブブラウザ上でさまざまな地理空間情報を表示したり地域分析をしたりすることができます．地理院地図や Google マップ／Google Earth なども広い意味では WebGIS といえます．

市民サービスの向上を図るため，行政情報や地域情報など保有する地図情報を WebGIS により公開・提供する自治体も増えています．これらは**公開型 GIS** とよばれ，多くの自治体では都市計画情報やハザードマップなどの情報を公開しています．

1.5　GIS の発展

GIS の歴史は 1960 年代の初めにまで遡ることができますが，その初期の段階では主に地図作成や基本的な地理情報のデジタル化が中心でした．この時期にカナダの土地利用管理プロジェクトであるカナダ地理情報システム（CGIS）を開発したトムリンソンは「GIS の父」と呼ばれています．1970 ～ 1980 年代には，コンピューター技術の進歩に伴い，GIS の開発と応用が加速しました．特に 80 年代には，地球観測衛星の打ち上げや GPS 技術の進展も GIS の拡大に寄与し，GIS の商用ソフトウェアも登場し始めます．1990 年代には，インターネットの普及により，GIS データの共有やアクセスが容易になりました．日本では 1995 年に発生した阪神・淡路大震災での被害の把握やその後の復興において GIS の有効性が認められたことが契機となり，GIS の発展が進みました．震災の翌年には「国土空間データ基盤の整備及び GIS の普及の促進に関する長期計画」がとりまとめられ，2002 年には「GIS アクションプログラム 2002-2005」が制定されました．

2000 年代以降は，Google マップ（2005 年提供開始）や Yahoo!地図（1998 年提供開始）など一般ユーザーも利用可能なウェブベースの地図サービスが普及し，GIS の社会への浸透が進みました．国の施策も後押しし，地理空間情報活用推進基本法に基づいて策定された地理空間情報活用推進基本計画では，誰もがいつでもどこでも必要な地理空間情報を活用できる「**地理空間情報高度活用社**

会（G 空間社会）」の実現が謳われています．なお 2022 年に閣議決定された第 4 期地理空間情報活用推進基本計画では，地理空間情報をめぐる社会情勢等の変化として，新型コロナウイルス感染症を契機としたデジタル化の加速や地理空間情報に関する技術の飛躍的な進化が指摘されています．高解像度かつリアルタイムな地理データが入手可能となり，GIS は**ビッグデータ**や**人工知能**（**AI**）などの新しい技術と統合され，さらに高度な分析が可能になっています（第 22 章参照）．

1.6　地理情報科学の関連分野

　地理情報科学は他の学問分野と広く関わりますが，主な関連する学問分野として以下のようなものが挙げられます．まずは，地形や気候，人口分布といった地理的要素を分析する地理学，地図の設計や製作に関する学問で地理的な情報を効果的に視覚化する技術や方法を扱う地図学，地形の計測や地図作成を支援する測量学などです．また技術的分野としては，遠隔からのセンサによる地表面の観測を行うリモートセンシング学，地理空間データの特性を考慮した統計手法により地理的パターンの解析を行う空間統計学，大量の地理空間データを高速に処理する方法やより精密な空間分析技術を開発する計算機科学なども挙げられます．さらに歴史や考古学研究においては，GIS 技術を応用する歴史 GIS の分野も開拓されています．

　応用分野では，都市計画や環境管理，公衆衛生，農業，物流，ビジネス，スポーツ，軍事などでも展開が広がっています．例えば都市計画では，土地利用のパターンや交通流動の分析，公共施設の配置計画などで活用が進んでいます．また，自然災害のリスク評価や災害時の緊急対応計画の策定，被災地の復旧プロセスの管理など，さまざまな災害管理においても重要な役割を果たしています（第 18 章参照）．

　ビジネス分野においては，顧客の地理的分布や市場のポテンシャルを分析するために GIS が使用され，店舗の最適な立地選定やエリアマーケティング戦略の策定に役立てられています．市場調査会社の Fortune Business Insights によれば，世界における位置情報サービスの市場規模は，2023 年の 262 億ドルから 2032 年までに 1,297 億ドルまで成長すると予測されています[1]．

1.7　GIS 教育・人材育成

1.7.1　高校までの地理と GIS

　学習指導要領の改訂により，2022 年度から高校で地理「**地理総合**」が約 50 年ぶりに必修化されました．この科目では，「地図と地理情報システム（GIS）の活用」が主要な柱の 1 つとなっており，これにより実践的な社会的スキルとしての GIS 活用技能を身につけることが期待されています．

　新しい学習指導要領では，小学校から高校のつながりも重視されるようになり，小学校からの地図活用力の向上も強化されるようになっています．GIGA スクール構想をはじめとして教育の ICT 化も促進される中で，中学校社会科の学習指導要領解説では，GIS などから得られる地理情報を地図化したりグラフ化したりすることの重要性も指摘されています．中等教育でも地理学の基礎概念から導き出された「地理的見方・考え方」が重視されるようになっています．「地理的見方・考え方」は，例えば地理的事象の発見については空間探索，環境条件との関わりについてはオーバーレイ分析，他地域との結びつきについてはネットワーク分析といったように GIS の空間解析法とも関連が深いとされています（秋本 2003）．

1.7.2　地理情報科学の知識体系

　大学などの高等教育においても，地理情報科学とその関連技術に関連して「地理情報科学の知識体系」や GIS のカリキュラム開発が進んでいます．2006 年には米国 UCGIS（University Consortium for

Geographic Information Science）が GIS & T Body of Knowledge を公開し，現在も新しいコンテンツや改訂されたコンテンツが継続的に追加されています[2]．日本版の開発も行われ，大項目として「実世界のモデル化と形式化」「空間データの取得・作成」「空間データの変換・管理」「空間解析」「空間データの視覚的伝達」「地理情報科学と社会」が挙げられています．これを教科書として編集したものとして浅見ほか編（2015）も出版され，実習用教材として「GIS 実習オープン教材」も公開されています[3]．

1.7.3 GIS 関連の資格やイベント

　GIS 関連の資格整備も GIS 教育・人材育成の一環として重要な位置を占めています．例えば学協会が認定する資格として，一般社団法人地理情報システム学会 GIS 資格認定協会の GIS 上級技術者資格，公益社団法人日本測量協会の地理空間情報専門技術者・空間情報総括監理技術者資格，公益財団法人日本測量調査技術協会の地理情報標準認定資格（初級技術者，中級技術者，上級技術者）などがあります．大学によっては，公益社団法人日本地理学会から GIS 学術士・GIS 専門学術士の資格を取得することもでき，これらの認定を受けることによって，GIS についての専門性を対外的に示すことができます．また一般向けにも，産学官が連携して地理空間情報などの利活用を推進す

ることを目的とした G 空間 EXPO や，GIS コミュニティの創出や拡大を目的とした GIS Day などの GIS に関連するイベントも毎年開催されており，GIS 関連の学協会とも連携しながら人材育成に寄与しています．

課題
・複数のデジタル地図サービスを比較し，GIS という視点から特徴を整理してみましょう．
・自分の専門分野について，空間情報科学との関わりを調べてみましょう．

【参考文献】
秋本弘章 2003. 中等地理教育における GIS の意義 . GIS- 理論と応用 11（1）: 109-115.
浅見泰司・矢野桂司・貞広幸雄・湯田ミノリ編 2015.『地理情報科学 - GIS スタンダード』古今書院 .
Goodchild, M. F. 1992. Geographical information science. *International Journal of Geographical Information Systems* 6: 31-45.

【注】
1) Fortune Business Insights「Location-Based Services Market」https://www.fortunebusinessinsights.com/industry-reports/location-based-services-market-101060（2024 年 5 月 13 日閲覧）.
2) UCGIS「GIS & T Body of Knowledge」https://gistbok.ucgis.org/（2024 年 5 月 13 日閲覧）.
3) GIS Open Educational Resources WG「GIS 実習オープン教材」https://gis-oer.csis.u-tokyo.ac.jp/（2024 年 5 月 13 日閲覧）.

基礎編

Memo 🖉

第2章 身近なGIS

本章のポイント

◆ スマートフォンやビッグデータという言葉との関連も踏まえて，地理空間情報が身近な
サービスにどのように活用されているかを理解しよう．

2.1 測位技術の発達と身近な位置情報

スマートフォンが急速に普及した現代では，多くの人が位置情報という言葉を耳にしたことがあるのではないでしょうか？ スマートフォンの設定で目にする**位置情報サービス**とは，端末自体が現在位置を把握していることで提供されるサービスで，具体的には紛失時に現在その端末がどこにあるか探せる機能，地図アプリで自動的に現在地周辺が表示される機能，各種店舗の公式アプリで現在地からの最寄り店舗を探せる機能などが挙げられます．スマートフォンを用いたナビゲーションなどが代表的な活用例ですが，位置情報を用いて特定の場所に行かないとプレーできないゲームや店舗を中心に特定の場所に行くことでポイントが付与されるサービスも展開されています．私たちがあまり意識していなくても，さまざまな機能やサービスが位置情報を用いて実現されていることが理解できるでしょう．

このようにモバイル端末が現在位置を把握できるのは，**測位技術**の発達が背景として大きいといえます．測位技術とは，ある場所が地球上のどこであるかを把握する技術のことで，基本的にはその場所の緯度経度を取得する技術と考えれば良いでしょう．概要としては，人工衛星から「衛星の現在位置」「現在時刻」の情報を含んだ電波が常時発信されていて，モバイル端末などの受信機がその電波を受信することで，測位が行われます（図2.1）．電波の

図2.1 衛星測位のための人工衛星と受信機

発信時刻と受信時刻の差を取ることで，電波が発信されたときの衛星の位置とモバイル端末の位置との間の距離を計算することができます．

1つの衛星だけの電波では現在位置を詳細に特定することができませんが，多くの衛星からの電波を受信することで，現在位置の候補を絞り込んでいます．具体的には，私たちは3次元空間の中に生きていますから，人工衛星3つそれぞれからの距離を特定できれば，現在位置を割り出すことができます．しかし，電波の移動速度はとても速いため，たとえ時計にミリ秒単位の誤差があったとしてもキロメートル単位で測位結果のずれが生じてしまいます．そこで実際には最低でも4つの人工衛星からの距離をもとに現在位置を計算しています（図2.2）．

また，屋内や地下空間では人工衛星からの電波を受信できず，先に述べたような仕組みでは測位

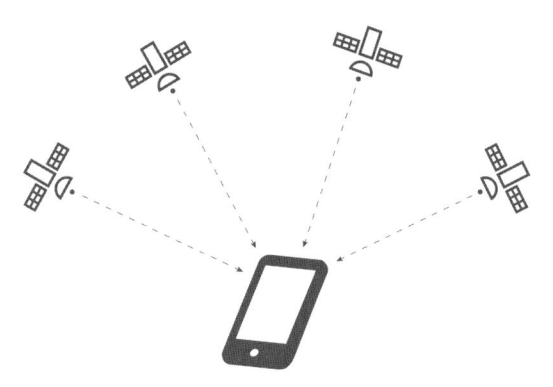

図 2.2　衛星測位のためには最低 4 つの人工衛星が必要

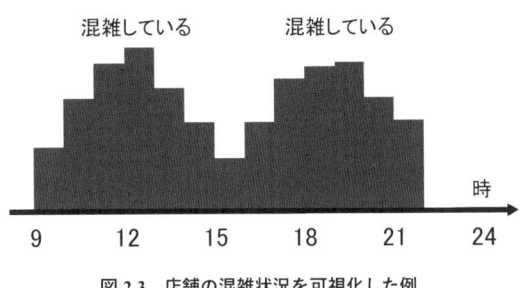

図 2.3　店舗の混雑状況を可視化した例

が行えません．そこで，WiFi の電波を用いたり，ビーコンという現在位置を示す情報を発信している機械を組み合わせたりして，地上と屋内や地下空間でシームレスに現在位置を把握するための技術開発や環境整備が進んでいます．これは，より精度の高いナビゲーションの実現や自動車の自動運転技術の確立のためにとても重要です．例えば「地下街の安心避難対策ガイドライン（改訂版）」（国土交通省 2020）では，地下空間の位置情報取得を災害時の出口への誘導や被災者の位置特定に活用することが述べられており，ここで述べた屋内測位の技術が，利便性向上だけではなく安全性向上にも資する技術として重要視されています．

2.2　位置情報データの蓄積とビッグデータ・オープンデータ

スマートフォン向けの地図アプリなどには，利用規約の範囲内でユーザーの位置情報のログを蓄積し，匿名性を保った上でサービスの提供に役立てている例があります．私たちがよく目にするものとして，地図上の道路に自動車の走行速度を色分けすることで渋滞区間を示したり，店舗や施設ごとに混雑時間帯や現在の混雑度を示したりしているサービスがあります（図 2.3）．特に後者については，一時的な調査ではなく，日常的に位置情報を蓄積しているからこそ，傾向の把握や現状と傾向の比較を実現できているといえます．

私たちがあまり意識していなくても，人々の行動履歴という地理空間情報は日々大量に生成され，蓄積されています．このようなデータは，データ量が膨大であり，人間の手作業による閲覧や集計が困難であるため，「ビッグデータ」とも呼ばれており，その活用方法についての研究が進められています．

先に紹介した混雑状況データを考えてみても，一時的かつ特定地点の状況であれば調査員を派遣して情報収集が可能であっても，網羅的あるいは広域的にさまざまな地点のデータを恒常的に集めることは，人的リソースの面やコスト面から現実的ではないため，自動的にデータが蓄積されていくビッグデータの利活用が期待されています．

これ以外のデータとしては，国土交通省の国土数値情報や国土地理院の基盤地図情報に代表されるような，コンピューターでの利用を想定したさまざまな空間データがウェブを介して提供されています．さらに，自治体も施設立地などの情報をオープンデータとして公開している例が見られます．

社会全体でデータサイエンスに注目が集まっていますが，地理空間情報も今後ますます活用されると見込まれる重要な分野です．2007 年に制定された**地理空間情報活用推進基本法**に基づいて策定されている基本計画でも，誰もがいつでもどこでも必要な地理空間情報を使うことができ，高度な分析に基づく的確な情報を入手できる「**地理空間情報高度活用社会（G 空間社会）**」の実現が謳われています．これからの社会では，地理空間情報を含む多様かつ大量のデータを効率よく解析

し，実態把握や課題解決に活用していくことが，強く求められています．

2.3 コロナ禍での活用

2020 年 1 月に，新型コロナウイルス感染症（COVID-19）の感染者が初めて日本国内でも確認されました．当初 COVID-19 は，ウイルス性感染症であることはわかっていたものの，その感染経路が明確には解明されておらず，感染者の一部に重度の肺炎を引き起こし，最悪死亡するケースがあることから，感染拡大防止が喫緊の課題となりました．その年の 4 月には，新型インフルエンザ等対策の特別措置法に基づく「緊急事態宣言」が初めて発出されました．この緊急事態宣言の枠組みの中では人と人との接触を減らすことを目的に，生活や健康維持に必要なもの以外の外出について広く自粛が要請されたほか，出勤者数の 7 割減が目標として掲げられました．この時期，夕方のテレビニュースでは，その日に確認された新規陽性者数のほか，東京都内の主要なオフィス街や繁華街への人出が前日比や前週比とともに報道されていたことを覚えている人もいるでしょう．NHK の特設サイト[1] では 2024 年現在でも当時のデータを閲覧することができます．

では，このようなほぼリアルタイムな人出は，どのように計測したのでしょうか？　ここで活用されていたのが 2.2 で述べたスマートフォンの位置情報です．スマートフォン端末と常に通信を確保しているキャリア（通信サービスを提供する会社）や，端末にインストールされていて位置情報の取得が許可されているアプリの開発者は，その利用者の端末がどのエリアに存在するかを把握することができ，これを匿名化あるいは集計することで，エリアごとの滞在人数を近似的に把握できます．もちろん 1 人が 1 台ずつスマートフォン端末を所有しているわけでもなく，さらにすべての人が特定のキャリアやアプリのユーザーであるわ

けでもないため，全数調査にはなりませんが，先に述べたような人出の前日比や前週比を算出するという目的であれば，十分な妥当性や代表性をもったデータだと考えられるでしょう．このようなデータが「**人流データ**」として知られるようになったほか，2.2 で紹介した通り，この技術は店舗の混雑状況の可視化という形で，私たちの生活になじみつつあります．

2.4 施設管理での活用

橋梁やトンネルを含む道路網や鉄道網などの交通インフラ，上下水道，電力，ガスの供給網などの**ライフライン**は，その施設が空間的に非常に広範囲に分布する一方で，それらを網羅的かつ定期的に点検すること，万一異常が発生したときには迅速に補修することが求められます．そのためには，巡回点検の計画，異常が見られる施設の場所，補修必要性の有無などの情報を一元的に管理しつつ，現場作業員とも共有することが効果的です．かつてはこのような情報は，作業メモと台帳でアナログに管理されていたものの，GIS を含むさまざまなデジタル技術の普及で，リアルタイム化，効率化が図られています．例えば，道路占用物の管理業務において GIS 活用に向けたシステム開発（窪田ほか 2010）や，水道事業における施設管理での GIS の活用（廣井ほか 2020）などの事例があります．

電柱や管路の敷設位置，橋梁やトンネルの形状などを，位置情報を含むデジタルデータとして管理し，現場ではタブレット端末などを使ってウェブ地図に現在位置とともに表示することで，作業員の目の前にある点検対象を台帳から探す必要がなくなり，迅速な作業が可能になります．さらに，この端末から点検内容を入力して送信することができれば，点検記録の更新だけではなく，補修が必要な場合の情報も素早く収集することができます．

また，これらのインフラやライフラインの管理

主体は，公的セクターとさまざまな民間企業にまたがっています．しかし，例えば地下に埋設されているガス管を補修するときに近くに水道管が埋設されているケースや，道路橋を補修するときに下を鉄道が通っているケースなどは，当然ながら工法や工事手順を検討する際に，相互に影響を及ぼすと考えられます．位置情報が適切に管理，共有されていなければ，管路の補修工事によって他の管路を破損させてしまうこともありえますし，道路橋補修のための足場が鉄道車両と接触してしまう恐れもあります．これら地中埋設物や地上構造物の情報が，例え一元管理されていなくても，GIS データとして適切な座標を含んでいれば，容易に地図上で重ねて表示して，工事前に支障物の有無を確認することができます．

　台帳管理を置き換えるだけであれば，すべての管理対象物に ID を割り当て，2 次元コードを貼り付けておくだけでも十分かもしれませんが，いま紹介した工事支障のように，データを重ねなければ判別できないものについては GIS の活用が有効で，このようなシステムの開発や導入が進んでいます．

💡 課題

・スマートフォンの位置情報データを集計して「人出」を推計する事例を紹介しました．しかし，特定の状況や場所においては必ずしもこの推計が適切ではないケースも想定されます．どのようなケースがありうるか考えてみましょう．

・日本では，衛星測位システムの精度向上を図るため，みちびきと呼ばれる準天頂衛星システムを整備しています．測位に用いる人工衛星を日本上空になるべく多く留まらせることが大きな狙いなのですが，なぜ人工衛星 4 つだけのシステムでは不十分なのでしょうか？　ビル街や谷間にいる場合を想定して考えてみましょう．

【参考文献】

窪田 諭・松村一保・一氏昭吉 2010. 空間基盤データを用いた地下埋設物管理の効率化提案と実証評価. GIS‐理論と応用 18（1）：39-50.

国土交通省 2020. 地下街の安心避難対策ガイドライン（改訂版）：39.

廣井孝充・津嶋貴宏・中村朋治・笹谷進之介 2020. 維持管理業務の効率化と適切な施設管理を目的としたシステムの導入. 令和 2 年度水道研究発表会講演集：74-75.

【注】

1）NHK「新型コロナ‐街の人出は？ 全国 18 地点グラフ | 感染症データと医療・健康情報」https://www3.nhk.or.jp/news/special/coronavirus/outflow-data/（2024 年 04 月 15 日閲覧）.

基礎編

Memo ✎

第 3 章 現実世界をGISでみると

◆ 現実世界をGISで表す考え方について理解しよう.
◆ GISデータの基本構造やさまざまなデータ形式を理解しよう.

3.1 GISで現実世界を表す

　私たちが見ている現実世界は，道路，建物，樹木など現実に存在するものや，行政界など視認できるような形で現実に存在しないものといったさまざまな現象の集合体です．その現実世界を GIS で完全に再現することは，非常に難しいです．現実世界を GIS で表すには，数値やデジタルで表現する必要があります．数値やデジタル化をするためには，まず，現実世界にある地物，現象，事象は図形と属性（特徴）をもっていると考えて，点，線，面，立体の図形（幾何）に表すとともに，地物，現象，事象の特徴を記述する形で表現します．

　例えば，図 3.1 のような景観を目で見ているとします．この景観を GIS で表すには，建物を面の図形（図形 a），河川と道路は線の図形（図形 b，d），樹木を点の図形（図形 c）で表現することができます．図形で表すとともに，建物は集合住宅の 36 階建てであり，河川は流路延長 74 km の白川，道路は市道で幅員 15 m，樹木は樹高 15 m のサクラの木といったようにその地物それぞれの特徴を図形の属性として記述します．

　このように，緯度経度などの座標に基づいて地物や現象，事象の位置，大きさ，形状などをあらわした図形データと，地物や現象，事象の種類，状態や程度など空間的／非空間的な内容が記述さ

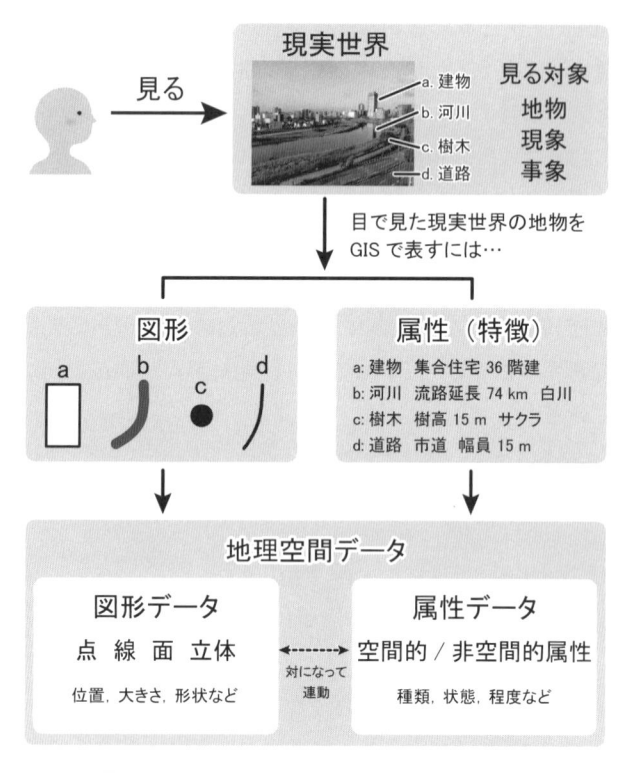

図 3.1　GIS における実世界の表現と地理空間データ
写真は筆者撮影.

れた属性データから構成されるのが地理空間データです．現実世界の地物，現象，事象がどのような要素や関連から構成されているのかなどを図形と属性から構成される地理空間データ（GIS データ）で単純化したものとして表現する概念モデルを**オブジェクトモデル**と呼びます．

3.2　GISデータの基本構造

GIS では，現実世界にある建物，公園，道路，河川，樹木などの地物や人口，生物，気象，交通などの現象の状態がそれぞれ別々の主題データになっており，主題ごとに分類されたデータを位置情報に基づいて "層" になるように重ね合わせて，私たちが見ている現実世界を表現します（図 3.2）。主題ごとに分類されたデータの "層" 1 つ 1 つのことを**レイヤー**と呼んでいます。主題をそれぞれのレイヤーに管理することによって，ある特定の主題について着目することや，複数のレイヤーを組み合わせて分析し，傾向や相関関係などの新たな情報を得ることができます。

3.1 で示したように GIS で用いる地理空間データは，地球上のどこに，どのような形状，どの程度の大きさで存在しているのかなどを表す「図形データ」（位置情報）と，その位置情報に付随して地物や事象の種類，状態といった主題となるようなデータが記述された「属性データ」の 2 つの要素から構成されています。地理空間データは，位置情報に基づいて地物や現象を地図上に表現し，"見える化"（視覚化）することによって多くの情報を伝えることができます。

図形データには，**ベクターデータモデル**と**ラスターデータモデル**の 2 つの主な表現形式がありま

す。これらの表現形式に対応した地理空間データを，**ベクターデータ**，**ラスターデータ**と呼びます。ここでは，ベクターデータとラスターデータの特徴についてみていきましょう。

3.2.1 ベクターデータ

現実の 3 次元の空間を 2 次元の地図にする場合，点，線，面の図形で表現されます。GIS では，それぞれ**ポイント**，**ライン**，**ポリゴン**と呼ばれ，ベクターデータ形式の代表的なデータ形式です（図 3.3）。ベクターデータは地理的な座標値をもった点のデータであり，その座標値で位置が決まっているため，地図を拡大・縮小してもデータの画質は劣化しない特徴があります。

ポイントは，経緯度によって位置を示したもので，標高点や施設，観測地点などを表現する際に用いられます。ラインは，始点から終点まで点が連続したもので，それらの点を線で結んで表現しています。ラインは道路や線路，境界線などを表現する際に使われます。ポリゴンは，3 つ以上の

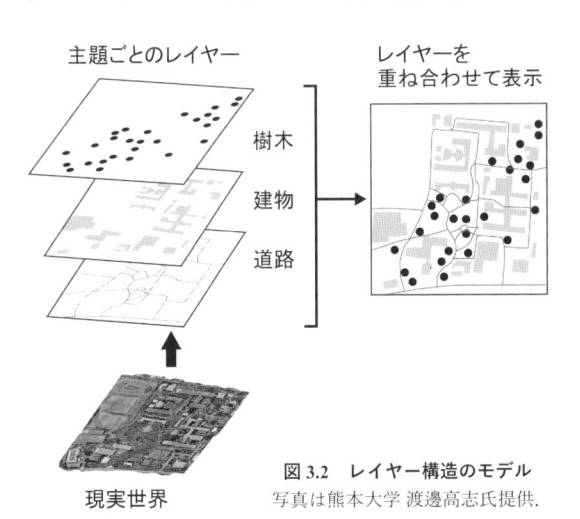

主題ごとのレイヤー　　レイヤーを重ね合わせて表示

樹木　建物　道路

現実世界

図 3.2　レイヤー構造のモデル
写真は熊本大学 渡邊高志氏提供.

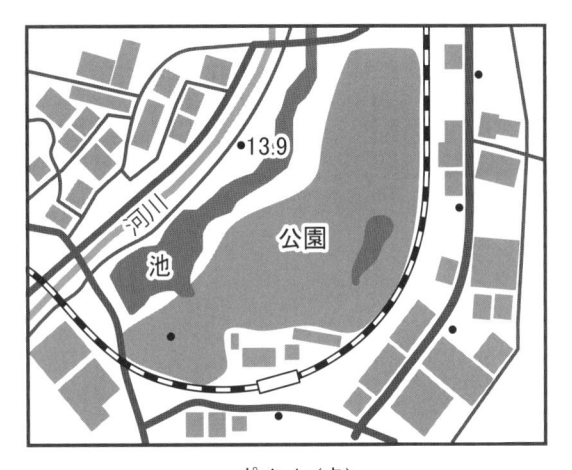

ポイント（点）
バス停・施設・標高点など

ライン（線）
道路・線路・河川など

ポリゴン（面）
建物・土地利用など

図 3.3　図形の例

14

点とそれらの点を結ぶ線分から構成され，始点と終点が一致する閉じた領域で表現されます．行政界，建物，水域などがポリゴンで表現されます．

　以上のような現実世界にある観測地点，道路，建物などをベクターデータ化した個々の地物を**フィーチャ**と呼びます．フィーチャは，ID番号などで図形データと属性データが紐づけられており，複数の属性データを保持することができます．例えば，建物のフィーチャの場合，ある建物の図

形情報（建物の形状）とその建物の特徴（構造，階数，建築年など）を表す属性が対となって1つのフィーチャとして表現されます（図3.4）．

　フィーチャの属性データは，図3.5のようにGISアプリケーション上では属性テーブルと呼ばれる表形式で表示されます．属性テーブルの行はレコードと呼ばれ，ポリゴンなど1つ1つのフィーチャに対応しています．属性テーブルの列はフィールドと呼ばれ，「ID」や「構造」など1つ1つの属性項目に列が作られ，属性情報が格納されています．各セル内の情報（値）は属性値と呼びます．

　フィーチャを構成する図形の数は，通常1つですが，現実世界の地物では複数の図形で1つとみなされるものも存在します．例えば，図3.6（A）

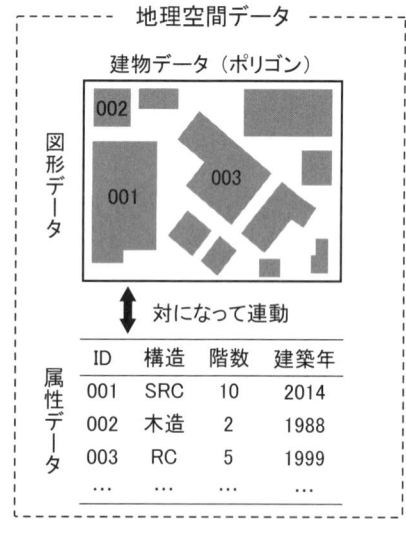

図3.4　GISデータの構造

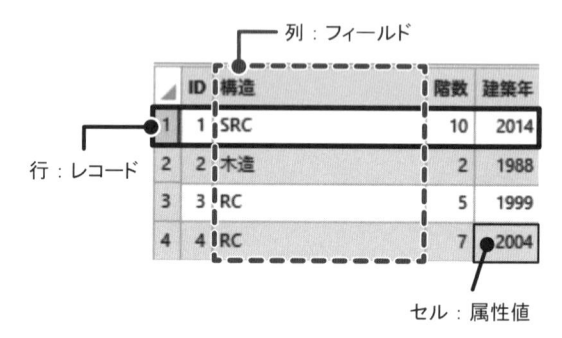

図3.5　属性テーブルの例

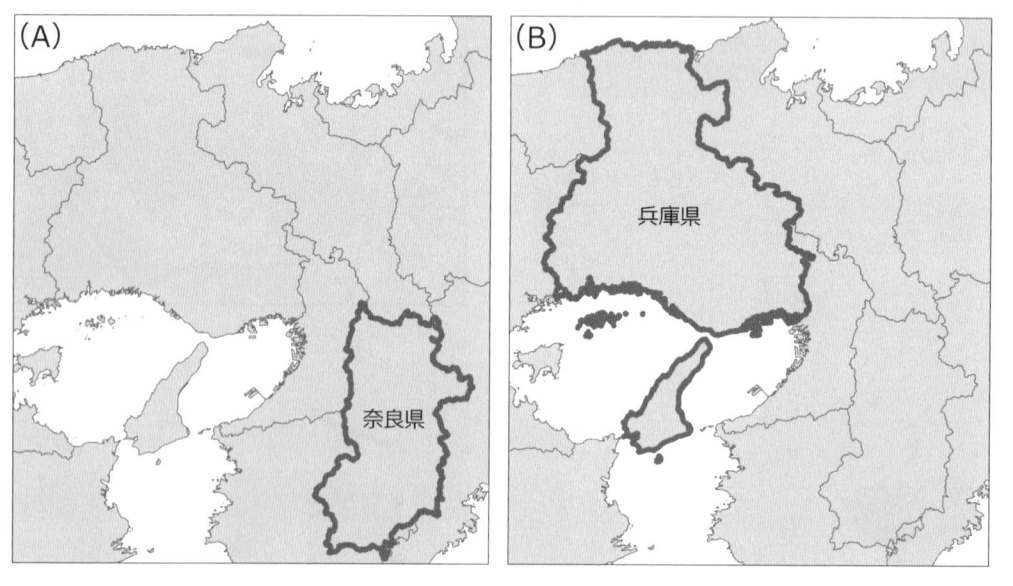

図3.6　シングルパートフィーチャ（A）とマルチパートフィーチャ（B）

で示すように奈良県のポリゴンは1つの図形から構成されますが，図3.6（B）で示した兵庫県のポリゴンは複数の図形から構成されます．1つの図形で構成されているフィーチャを**シングルパートフィーチャ**と呼び，複数の図形から構成されているフィーチャを**マルチパートフィーチャ**と呼びます．

　データのファイル形式は，**シェープファイル**，KMLファイル，GeoJSONファイルがあります．共通の主題を持つフィーチャが集まったものをフィーチャクラスと呼びます．フィーチャクラスは，**ジオデータベース（Geodatabase：gdb）**またはシェープファイルで管理され，フィーチャのタイプ，属性フィールド，座標系などが定義されています．ジオデータベース，シェープファイルも米国Esri社の独自フォーマットですが，シェープファイルは，GISデータの業界標準的な形式となっています．ジオデータベースは，フィーチャクラスの図形情報と属性情報は1つのテーブルに格納されるのに対し，シェープファイルは，図形情報を格納するファイルと属性情報を格納するファイルなど複数のファイルから構成されます．そのため，シェープファイルを保存しているフォルダーを確認すると，拡張子が「shp」のファイルほかに，複数の異なる拡張子のファイルがあります（図3.7）．shpファイルには図形の情報，shxファイルには図形のインデックス（索引）情報，prjファイルには図形の持つ座標系の定義情報が格納されています．dbfファイルは図形の属性情報を格納するテーブルです．これら4つが主な

シェープファイルになりますが，GISアプリケーションで処理することで，他の拡張子のファイル（cpg，sbn，sbx，shp.xml）が自動的に作成されることがあります．GISアプリケーション上では，拡張子shpファイルのみが見た目上は表示されますが，他の拡張子ファイルがなければ表示することもできません．シェープファイルをコピーや移動させるときには，同じファイル名で，拡張子が違うものもすべてコピーや移動させる必要がありますので，注意しましょう．

3.2.2 ラスターデータ

　GISでは，空中写真や衛星画像などの画像データを用いることもあります．こうした画像データのことをラスターデータと呼びます．ラスターデータは，空間を規則的なサイズの**セル（ピクセル）**に分割し，それぞれのセルに値が格納されています（図3.8）．そのセルの値を用いて，地物などを表現することができます．格納されているセルの値には，画像の色の情報（RGB），標高や気温などの量的な属性情報は数値として記録され，土地被覆などの質的な属性情報は土地被覆ごとにカテゴリされた識別番号が記録されます．

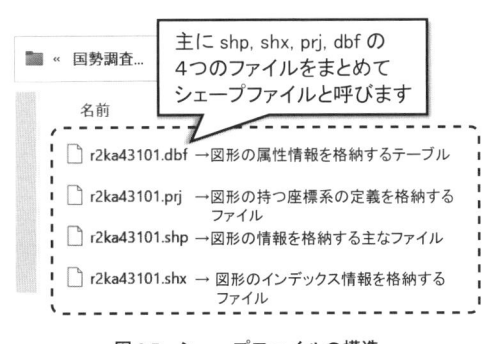

図3.7　シェープファイルの構造

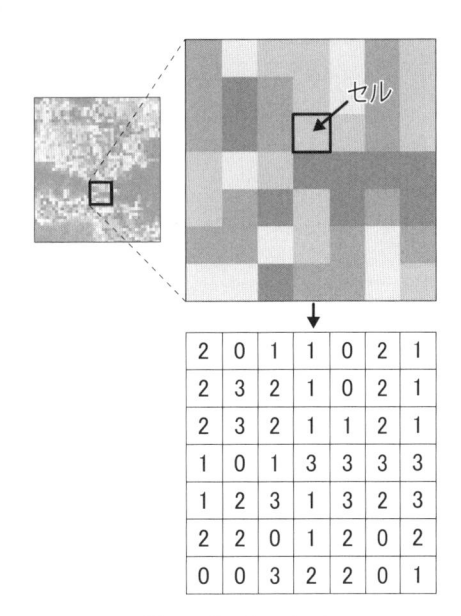

図3.8　ラスターデータ

気温や標高など連続的に変化するデータを表現する場合や，衛星画像を解析して広域の土地被覆を示す場合にラスターデータは適しています．また，地表面の標高値（**DEM**：Digital Elevation Model）を用いて地形を可視化する際によく利用されます．ラスターデータのファイル形式はGeoTIFF が主に使われます．

スマートフォン等で撮影した写真もラスターデータの1つですが，撮影した画像を拡大表示させていくと，四角形が並んだモザイクのように画像が表示されます．ラスターデータは表現できる最小単位がセルの大きさ（解像度）であるため，解像度の高低が画像の粗さに関連しています．解像度の数値を上げれば粗さは目立たず，きめ細かくきれいに表示されますが，容量が重くなり，GIS 上での描画にも時間がかかります．セルの形状は，正方形（グリッドセル）が一般的には用いられていますが，正三角形や正六角形が用いられることもあります（図3.9）．

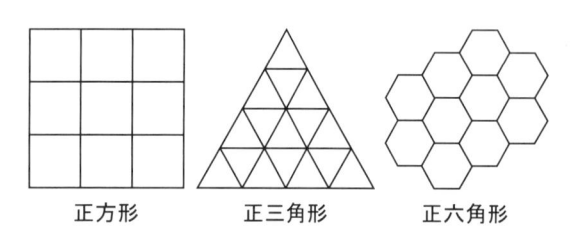

正方形　　　正三角形　　　正六角形

図 3.9　セルの形状

💡 **課題**

・ベクターデータのポイント，ライン，ポリゴンに該当する地物・現象の具体例をそれぞれ挙げてみましょう．

・ベクターデータとラスターデータの特徴やどのような場合に用いるのが良いのか議論してみましょう．

Memo ✎

第4章 GISで地図を作る方法

本章のポイント

◆ GISを使って，テーマをもった地図である主題図を作る方法について，さまざまな地図表現の方法とともに理解しよう．

4.1 主題図と一般図

みなさんの普段の生活の中で，地図はどのような場面に登場するでしょうか．どこかに行きたいときには，スマートフォンの地図アプリだけでなく，お店の場所の案内図，現地のガイドマップなどを見ることも多いでしょう．また，テレビの天気予報や，スマートフォンのアプリの雨雲レーダーでも地図を使うことになります．このような地図のうち，案内図や雨雲レーダーの地図のように，特定の目的のために利用される地図を，主題図と呼びます．**主題図**は，特定の主題（テーマ）が決められている地図ですので，地図に示される情報はその主題を表現するのに適した，厳選された情報になります．図 4.1 は気象庁の雨雲レーダーであるナウキャストの画面[1]で，雨雲の位置や動きを示すという主題がある地図です．一方，スマートフォンの地図アプリは，どこかに行きたいとき以外にも使えます．例えば，京都という地域について調べたいときには，地図アプリを使うことができ，山に囲まれた盆地の中に，碁盤目状の道路網があることや，鴨川という河川が流れていることなどを知ることができます．このように，特定の限られた目的ではなく，地域の一般的な情報を網羅するように示している地図は，主題図に対して，**一般図**と呼ばれます．図 4.2 は代表的な一般図で

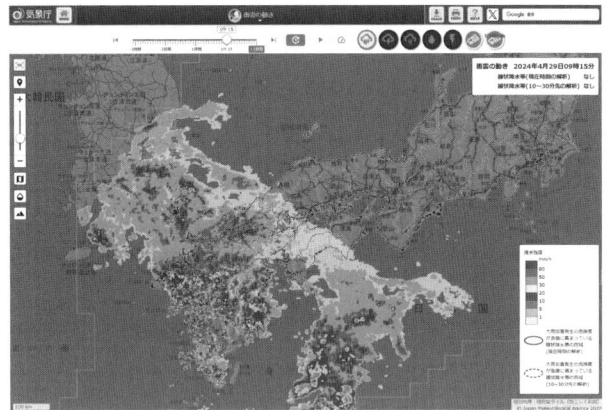

図 4.1 主題図の例（気象庁）
出典：気象庁[1].

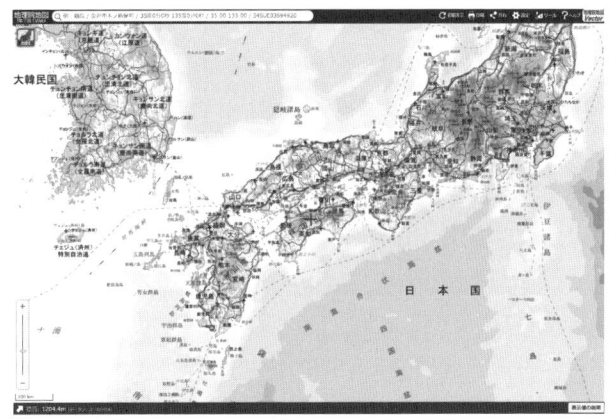

図 4.2 一般図の例（地理院地図）
出典：地理院地図[2].

ある地理院地図[2]を示しています．

GIS を使って地図を作るときには，たいていは，人口や店舗，施設の分布図を作るようなケースが多くなるでしょう．つまり，主題がある程度決

18

まっているので，主題図を作ることが多くなります．地図に表現したい主題についての情報を用意し，GISを使って，その地図を描くことになります．一般図を作る機会は少ないでしょうが，主題図を作るには，一般図に示されるような情報を利用する必要があります．例えば市町村の境界や道路，河川などの情報は，人口や施設の分布を示す際に必要になります．このような一般図の情報を，主題図の背景になる，背景地図として利用することは，GISを使った地図作成の現場では一般的です．

4.2 GISを使ったさまざまな地図表現

　GISを使うことで，さまざまな主題図や一般図を作る（描く）ことができます．まずは，地図に示す情報が図形で描かれる，ベクターデータを使う場合を考えてみましょう．ポイントデータの場合，点でその位置を表現することになりますが，点をどのような記号にするかによって，多種多彩な表現ができるようになります．小学校の地図帳を思い出してみましょう．都市の名前とともに，人口の大きさに応じた，○や□などを組み合わせた記号でその位置が示されているはずです．日本の地方や世界の州を示したような地図では，都市の場所はポイントデータで描かれますので，そのような地図表現が用いられます．地理院地図で使われている記号を示した図4.3をみると，人口規模に応じた都市の記号が設けられていることがわかります．また，それぞれの地域ごとの特産品の絵も描かれていることでしょう．こうした表現も，特産品を主に生産・収穫できる場所にGISを使ってポイントデータを作成することで可能になります．

　線のデータであるラインデータに注目してみましょう．地図帳の場合，新幹線のルートは，他のJRの路線や，私鉄の路線とは別の表現になっているはずです．図4.3のように，地理院地図でもそのようになっていることがわかります．このような種類別に表現を変えることも，GISでは簡単

にできます．また，鉄道の線路や道路のように，実際に存在する線についてのラインデータだけでなく，ある地域からある地域への流れを示すようなラインデータもあります．中学校などの地図帳でも，輸出と輸入という貿易の流れや通勤の流れなどを，矢印で方向を示し，線の太さでその量を示すような表現が使われていますが，このような地図表現もGISで行うことができます．

　面を示すポリゴンデータは，人口などの色分けの地図によく使われます．例えば人口密度の統計データがあれば，その値を$1 km^2$当たり$0 \sim 1,000$人，$1,001 \sim 2,000$人のように階級に区切って区分して，それぞれの値に対応した色で，その地域のポリゴンを表現することで，**階級区分図**と呼ばれる地図が完成します．図4.3のように，地理院地図での標高による塗り分けも階級区分図の一種です．階級区分図は，ポリゴンデータを利用したGISでの地図作成の際によく使われる地図表現で，ラスターデータを使った地図作成にもよく使われます．階級区分図を作成するときには，値が大きいほど色を濃くしたり，暖色系の色を使った

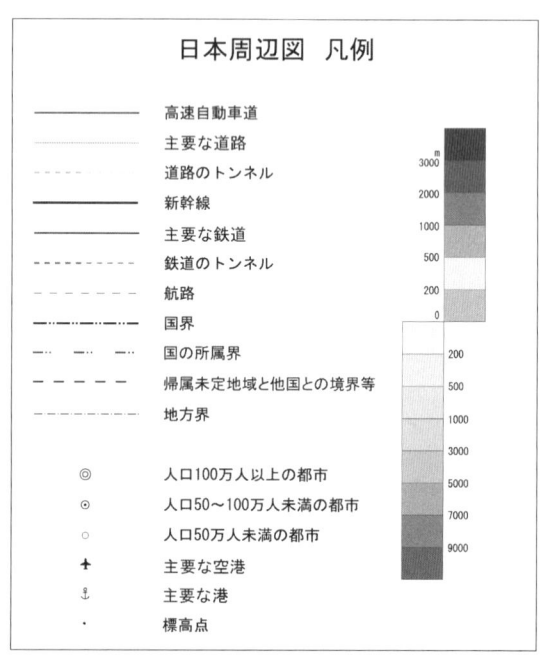

図4.3　地理院地図（標準地図）の凡例
出典：地理院地図[3].

りし，値が小さいほど色を薄くしたり，寒色系の色を使ったりするのがルールです．ポリゴンデータの場合，ポリゴンの範囲を色で塗るのではなく，ポイントデータのように，ポリゴンの内側に点を置いて，記号やグラフで示すような場合もあります．品目別の国別輸出量や工業生産額などの地図を地図帳で見たことはありませんか．このような地図は，ポリゴンの内側や，狭くて描けない場合は引き出し線を用いて外側に，円グラフや棒グラフを配置して作成しています．GIS でもそのような地図を作成することができます．

4.3　視覚的にわかりやすい地図表現

　GIS では，手描きの地図のようにポイントやポリゴンのデータをそのまま記号や色で地図に表現するのではなく，データを処理したり，デジタルならではの表現を使ったりして，視覚的にわかりやすい地図を作ることもできます．

　例えば**ヒートマップ**は，階級区分図のように，値の大小を色分けして作成した地図で，ラスターデータを使って作成されます．特に，施設などが空間的に集中する度合い（密度）を表現する際に用いられます．このような密度は，元になる施設などのポイントデータから計算されますので，ラスターデータを毎回作成していると大変です．GIS ソフトによっては，ポイントデータの分布を表現するための方法の 1 つとして，ヒートマップが用意されていることもあり，この場合には，ラスターデータを個々に作らなくても，ヒートマップを使って密度を表現することができます．図4.4 は，大阪府内のバス停のヒートマップを示していて，ここでは色が薄いほど，密度が高いことを示しています（口絵参照）．

　カルトグラムと呼ばれる地図表現も，GIS ならではの表現です．例えば，階級区分図を使って，日本全国の市町村単位で IT 関連企業の売上高の地図を描くとしましょう．IT 関連企業の多くは，

東京や大阪などの大都市に集中していますが，日本全国を市町村単位で地図にすると，東京 23 区や大阪市は米粒のようなサイズになってしまい，どの階級になっているのかはほとんど見えません．代わりに，岐阜県高山市など，売上高はそれほど高くはない，面積の大きい市町村が目立つ結果になり，IT 関連企業の売上高という主題を示すことができなくなります．当たり前ではありますが，東京 23 区や大阪市が小さくなるのは，面積が小さいためです．通常の市町村別の地図では，捉え方を変えれば，面積という大きさで市町村を表現していることになります．このとき，東京 23 区や大阪市などを，売上高の大きさに応じて大きく表示することで，売上高が大きい地域を目立たせることができます．このような表現をカルトグラムと呼びます．GIS では，市町村の隣り合った関係（隣接関係）をそのままにして表現する連続カルトグラムや，大きさを変えた円で隣接

図 4.4　大阪府内のバス停のヒートマップ
出典：国土数値情報のデータをもとに作成．

関係を無視して表現する非連続カルトグラムなどを作成することができます．図4.5は2012年の卸売業の年間販売額の大きさに応じて作成した連続カルトグラムです．IT関連企業と同じように，卸売業の年間販売額は大都市で多くなります（口絵参照）．

　GISでは，平面的な2次元の地図だけでなく，高さの情報を使うことで，**3次元**の地図を作成することもできます．Google Earthのように，実際の建物や樹木の見た目をリアルに再現するような3次元地図を作るには，そのための専用のデータが必要になります．例えば国土交通省が整備を進めてきたPLATEAU（プラトー）（第14章参照）の3次元都市モデルのデータや，静岡県や兵庫県などの自治体が公開している点群と呼ばれるデータがあれば，リアルな3次元地図を作成することができます．これまで紹介してきたような階級区分図のような地図でも，3次元地図を作ることができます．2次元の階級区分図では，ポリゴンの色分けでしか値を表現できませんので，例えば高齢者の割合の階級区分図を作成すると，人口総数に占める高齢者の割合が高い地域はわかっても，実際の数としての高齢者が多い地域まではわかりません．このとき，高さの次元を利用して，ポリゴンの高さを高齢者の数や人口総数で示すようにすると，高齢者の割合が高く，高齢者の数も多い地域を視覚的にわかりやすく表現することができます．例えば図4.6は，京都の3次元地図に，2020年の町別の大学生人口比率を示しています（口絵参照）．ポリゴンの高さは人口の多さを，色は人口に占める大学生の比率を示しています．人口も多く，大学生の比率も高い地域を探しやすくなります．

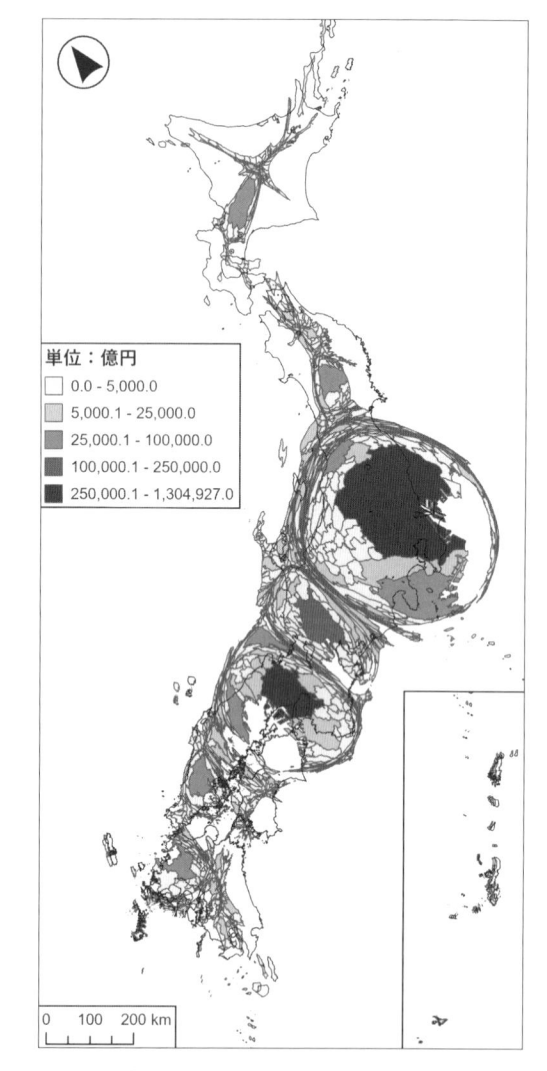

図4.5　市町村別卸売業年間販売額（2012年）の連続カルトグラム
出典：経済センサスのデータをもとに作成．

図4.6　京都の3次元地図に重ねた2020年の大学生人口比率
出典：国勢調査のデータをもとに作成．

4.4　地図の投影

　GIS では，地球上のさまざまな位置の情報が付けられた地理空間情報を 1 枚の地図上に表現します．3 次元地図の場合は，高さも用いることになりますが，基本的には 2 次元的な考え方で地図が描かれます．しかし，地球は平面ではなく球体です．家の周りのような人間の目で見える範囲であれば球体であることを実感できませんが，日本列島全体のような広い範囲で考えると，球体であることは明らかです．そうであれば，そのまま平面の地図に表現しても良いのか，疑問に感じるかもしれません．

　GIS に限らず，地図を作成する際には，どのようにして球面を平面に表現するのかを考える必要があり，地図の作成者は古くからそうした問題に取り組んできました．球面を平面に表現するためには，投影と呼ばれる処理を行う必要があります．球面の内側から光を当てて，地図を表現する平面に，球面上に示された情報を映し出す作業です（図 4.7）．このような投影の方法を，一般的には図法と呼びますが，GIS の世界では**投影法**や**座標系**と呼ぶことが多いです．投影の方法はさまざまな人々によって考えられてきたため，多種多様の図法があります．よく知られるのは**メルカトル図法**と呼ばれるもので，世界地図などにもよく使われていますし，Google マップなどにも，その亜種のようなものが使われています．他にも正距方位図法などがあり，それぞれにメリット・デメリットがある図法を目的に応じて利用できます．

　GIS では，地図自体にも投影法を設定できますが，レイヤーごとにも設定されています．例えば，日本で自治体が作成する GIS データには，**平面直角座標系**という日本独自の投影法が設定されています．メルカトル図法の一種である平面直角座標系は，いくつかの都道府県ごとに割り当てられた 19 種類の投影法の総称で，例えば大阪府の GIS データでは平面直角座標系第 6 系が，兵庫県の GIS データでは平面直角座標系第 5 系がそれぞれ用いられ

図 4.7　球面を平面に投影するイメージ

ることになっています．つまり，地域によって違う投影法が用いられるということになりますので，そのままでは，大阪府と兵庫県の GIS データを同時に表示することができないことになってしまいます．多くの GIS ソフトでは，そうしたデータを同時に重ねられるようになっていて，地図自体に設定された投影法に自動的に変換する処理が行われ，問題なく同時に表示することができます．また，投影法を変換する処理もできます．

　投影法について考えるためには，実はさらにもう 1 つの重要なポイントがあります．それは地球の球体をどのようなものとして考えるかという点です．地球は完全な球体というよりも楕円体と呼ばれる，赤道方向に少し長い形をしています．この楕円体の大きさや形をどのように決めるかによって，投影法によって求められる平面上の位置も異なってきます．このような楕円体の決め方も座標系と呼ばれることがありますが，**地理座標系**と呼んで，投影法である**投影座標系**と区別することがあります．日本では，JGD2000 と呼ばれる地理座標系が 2002 年度から利用されていましたが，東北地方太平洋沖地震による地殻変動の影響を受けて，新たに **JGD2011** と呼ばれる地理座標系が用いられています．世界標準とも呼べるような地理座標系は **WGS84**（WGS1984）で，JGD2011 とは大きなずれはありません．

4.5 GISソフトで実際に地図を描くには

　GISデータさえあれば，GISソフトで地図を描くことは非常に簡単です．多くのGISソフトでは，起動時に地図が表示されますので，そこに地図で表現したいGISデータを読み込むだけで表示されます．GISソフトによっては，インターネットに接続されていれば，最初から背景地図となる一般図が読み込まれている場合もあり，簡単に主題図を作成することができます．GISソフトによって地図を描く方法は異なりますので，詳しくはそれぞれのGISソフトのヘルプやインターネット上の情報を確認してみましょう．ここでは，GISソフトで地図を作成する際のおおまかな手順と注意点について解説しておきます．

　まず，地図上にGISデータをレイヤーとして読み込みます．そして，レイヤーごとに，どのような地図表現を行うのかを設定することになります．階級区分図にしたり，ヒートマップにしたり，データの内容に応じて図形を変えてみたり，さまざまな地図表現の方法を試しながら，そのデータの空間的な分布の特徴を調べたり，どのようにすれば見やすい地図になるのかを考えたりすることができます．

　地図を，レポートの文章やプレゼンテーションに図として貼り付けたり，印刷したりするような場合には，そのためのレイアウトを整えなければなりません．印刷物としての地図にはどのような情報が含まれているでしょうか．地図帳にある主題図を見てみましょう．地図の周囲に目を配ると，"5万分の1"や"1：10000"のような数字や，定規のような記号で**縮尺**が書いてあるはずです．その他に，北がどちらを示すのかを示す**方位記号**もあるかもしれません（世界地図など，ないものもあります）．地図上に表現されているそれぞれの図形や階級区分図の色が何を意味するのかを説明する，**凡例**も示されているはずです．地図の周りに配置されたこれらの情報は，表現された地理空間情報を正しく読み取り，理解するために必要となるもので，"正しい"地図には必要な要素です．

　特に，地図上の距離と実際の距離との対応関係を示す縮尺の情報については注意が必要です．縮尺については単に示されていれば良いというわけではありません．GISを使って地図を作成する場合，地図が投影されているかどうかを考える必要があります．投影していないGISデータの場合，GIS上では緯度の1度（南北方向）と経度の1度（東西方向）は同じ長さとして扱われます．しかし，実際には，北極や南極のような緯度の高い地域と，赤道付近のような緯度の低い地域とでは，経度1度分の距離は大きく異なります．日本列島のような範囲でも緯度には差がありますので，沖縄県と北海道とでは，1度が示す経度の幅は異なりますし，地球は楕円体ですので，緯度1度の幅も当然異なります．したがって，地図には縮尺の情報を示す必要がありますが，その前にまず地図を投影しておく必要があるということになります．

課題

・身の回りの地図の中で主題図を探して，どのような主題（テーマ）で描かれているのかを考えてみましょう．

・見つけた主題図では，どのような情報がどのような記号や図形で表現され，また，どのような工夫がなされているかを整理してみましょう．

・投影座標系と地理座標系の違いについて整理してみましょう．

・GISソフトを使って地図を描く時の注意点についてまとめてみましょう．

【注】

1) 気象庁「ナウキャスト」https://www.jma.go.jp/bosai/nowc/ （2024年4月29日閲覧）．

2) 国土地理院「地理院地図」https://maps.gsi.go.jp/ （2024年4月29日閲覧）．

3) 国土地理院「地理院地図」https://cyberjapandata.gsi.go.jp/legend/5000000-legend.pdf（2024年4月29日閲覧）．

| 第 5 章 | GISデータの取り扱い方 |

本章のポイント

◆ GISデータの検索やデータ結合の方法を理解しよう.

◆ GISデータの解析方法について理解しよう.

5.1 データの検索

GIS データを利用していく中で,使用している GIS データの中から必要な項目や条件に合う項目のデータのみを抽出したい場面に出くわすことがあります.こうした時に用いる検索方法には,属性データの値を条件に検索する「**属性検索**」とフィーチャ(個々の地物のベクターデータ)の地理的な位置関係に関する条件から検索する「**空間検索**」,両種類を組み合わせた検索があります.条件に合致したレコード(1つ1つのフィーチャに対応している属性テーブルの行を指します)やフィーチャは,GIS アプリケーション上では属性テーブルや地図上で選択され,それらのデータのみを分析することやエクスポートして新しい GIS データを作成することも可能です.

属性検索の条件

人口 50 万人以上の市区町村

都市	人口
横浜市	3,767,635
千代田区	68,856
川崎市	1,538,825
あきる野市	79,448
飯能市	78,278
⋮	⋮

該当する市区町村が地図上に表示

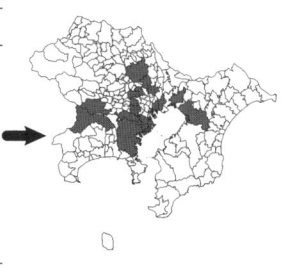

図 5.1 属性検索の例

町村のレコードのみを選択することができます.地図上では各レコードに対応したフィーチャが選択され,ハイライト表示されます(図5.1).属性情報のみのデータの場合には,属性テーブルのみで選択され,該当するレコードがハイライト表示されます.

5.1.1 属性検索

属性検索は,フィーチャクラス(共通の主題を持つフィーチャが集合したもの)で特定の属性を持つフィーチャを検索する方法です.GIS アプリケーション上では,クエリ(SQL)式を用いて検索条件を設定し,検索をします.例えば,首都圏1都3県(東京都,神奈川県,千葉県,埼玉県)の都市別の人口が格納されているレイヤーがあります.その属性データの中にある「人口」のフィールドを用いて,"人口が50万人以上"という条件を設定して検索すると,人口50万人以上の市区

5.1.2 空間検索

空間検索は,フィーチャの特定の空間的な位置関係から,フィーチャを検索することができます.例えば,すべての鉄道の駅から300 m 範囲内にある物件を選択したいという場合には,空間検索を利用することになります.この場合には,鉄道の駅のレイヤーと物件のレイヤーという2つのレイヤーを用い,"駅から300 m 範囲内にある物件"を条件に設定し検索すると,その条件に合致する物件のみを選択することができます.空間検索の結果は,属性検索の結果と同様に,地図上では条

24

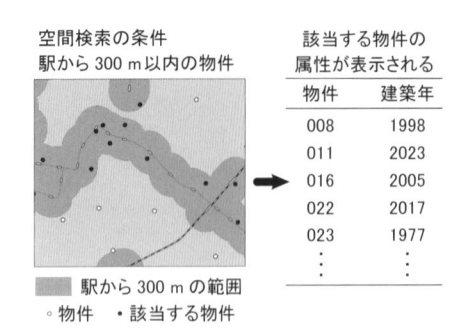

図5.2 空間検索の例

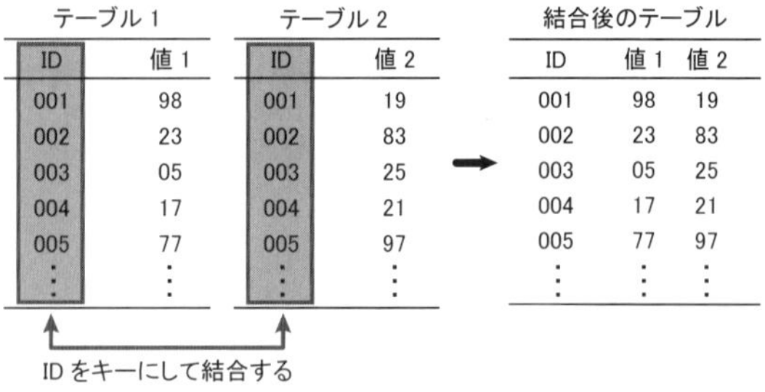

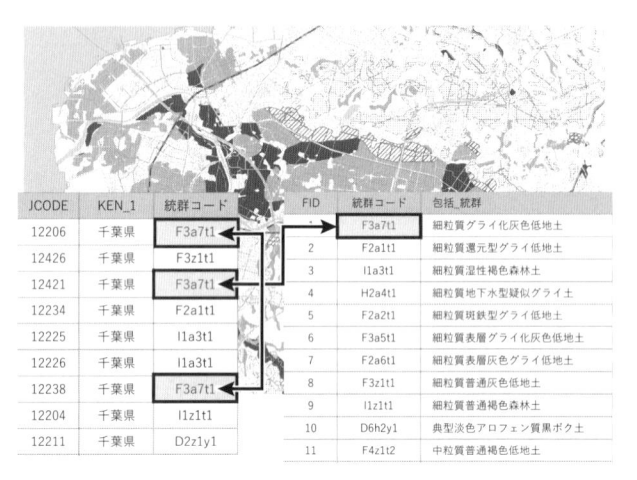

図5.3 1対1のテーブル結合の例

図5.4 多対1のテーブル結合の例

件に合致するフィーチャが選択されるとともに，属性テーブルはそれに対応するレコードが選択されます（図5.2）.

5.2 データの統合

GISでは，複数のGISデータを1つにまとめることや，外部の属性データが入ったテーブルを既存のGISデータに結合して1つのGISデータとしてまとめることができます．ここでは，データの統合の方法を紹介します．

5.2.1 属性データの結合

空間データに関する情報は，レイヤーの属性テーブルにデータとして格納することができます．例えば，空間データであるe-Statの境界データに国勢調査などの統計データを結合し，境界データの属性テーブルに統計データを格納することも可能です．属性テーブルのフォーマットは，テキストファイル（csv形式），Excelファイル（xls形式，xlsx形式），データベースファイル（dbf形式：dbfファイルはExcelで開くことが可能）です．ただし，ソフトウェアの種類やバージョンによってサポートしているフォーマットが異なることがあります．

2つのレイヤーの属性テーブルをリンクさせるためには，2つのテーブルに共通する同じデータタイプを持ち，同じ値を共有するフィールド（キーとなる列）が必要です．テーブルにリンクさせる

方法はテーブル結合と呼びます．ArcGIS Proでは，テーブル結合とは区別してリレートという方法があります．

テーブル結合は，既存のレイヤーの属性テーブルと結合したい属性テーブルが「1対1」または「多対1」の関係のときによく用います．例えば，IDと値1が入ったテーブル1に，IDと値2が入ったテーブル2を結合したい場合，IDをキーにしてテーブル2にある値2をテーブル1に結合させることができます（図5.3）．このとき，テーブル1と2の両方にそれぞれ1つずつにIDがあり，IDの1つずつに値1と値2があるため，「1対1」の関係になります．

次に，「多対1」の例を示して説明します．各ポリゴンを土壌の統群（類似した土壌の集まりを示す単位）によって分類するレイヤーがあり，その属性テーブルには土壌の統群コードのみ入っています（図5.4）．各土壌の統群コードがどのよう

な土壌なのかといった説明は，別のテーブルに格納されています．これら 2 つのデータを結合する場合，統群コードをキーに結合することができます．このとき，前者のポリゴンデータには，統群コード「F3a7t1」に分類されたポリゴンが複数あり，それら各々のポリゴンに土壌の説明テーブルにある同じ統群コード「F3a7t1」の土壌名称 1 つがリンクされるため，「多対 1」の関係になります．

　テーブル結合は，「1 対 1」または「多対 1」の関係だけでなく，既存のレイヤーの属性テーブルと結合したい属性テーブルが「1 対多」または「多対多」の関係のときにも用いることができます．この方法を ArcGIS Pro では **リレート** と呼びます．「1 対多」は例えば 1 つの建物ポリゴンデータに所有者が複数存在して，それらの所有者データを結合させる場合に用います．「多対多」は複数のレコードに対して複数のレコードをリンクさせます．

5.2.2 空間結合

　2 つの GIS データに ID のような共通の属性をもっていない場合，テーブル結合を用いて 2 つの GIS データを統合することはできません．しかし，2 つの GIS データ間の位置関係が一定の条件下にある場合には，空間結合を使用して 2 つの GIS データを 1 つに統合することができます．

　空間結合は，2 つのレイヤー内にあるフィーチャを用いて，「含む」「含まれる」「一定距離内にある」「交差する」「最も近い」などの空間的位置条件をもとに **空間検索** を行います（図 5.5）．そして，検索されたフィーチャに属性を付与することや，検索されたフィーチャの数，フィーチャ間の距離，最近隣のフィーチャの属性，指定した属性の最大値，平均値，最小値などの集約値を付与することができます．

　例えば，各居住地区から最寄りの図書館とその距離を求める場合，最も近いポイントとポイントを結び付けるために，国勢調査 4 次メッシュ（500 m メッシュ，ポリゴンデータ）の各メッシュの代表点

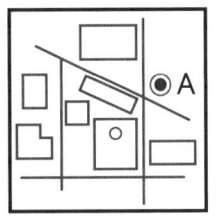

A: ポイントを「含む」ポイント

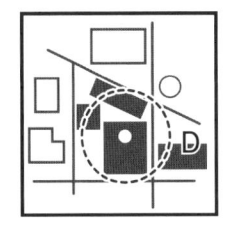

D: ポイントから「一定距離内にある」ポリゴン

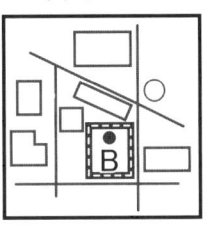

B: ポリゴンに「含まれる」ポイント

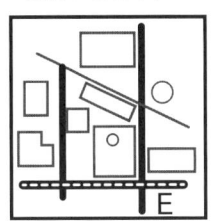

E: ラインと「交差する」ライン

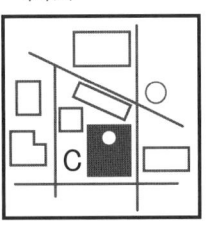

C: ポイントを「含む」ポリゴン

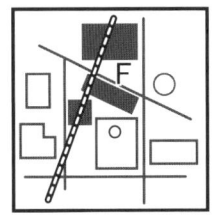

F: ラインと「交差する」ポリゴン

図 5.5　空間的な位置関係の例

としてメッシュの重心点をポイントに変換したレイヤーと図書館のポイントのレイヤーを用意します．この 2 つのレイヤーを用いて空間結合をすると，各メッシュの重心点から最も近い図書館への距離と，その図書館名や住所等が属性テーブルに付与された新しい GIS データが出力されます．その属性テーブルに格納されている各メッシュに割り当てられた最寄りの図書館を地図に示すことによって，各地区の居住者は居住地から最も近い施設を利用するという「最近隣施設利用原理」に基づいた図書館の利用圏を可視化することができます（図 5.6）．また，最寄りの図書館までの距離やメッシュの重心点（ポイントデータ）に人口データをテーブル結合したデータを利用すれば，図書館の立地を評価することもできます．

　ここで用いた空間結合は，1 つのメッシュデータの重心点（ポリゴン）に対して，「最も近い」とい

26

う空間的な位置関係が対応する1つの図書館（ポイントデータ）を割り当てる，1対1の結合方法です．このほか1対多の結合方法もあります．ArcGIS Proでは，1対多の場合，1つのフィーチャがコピーされて複数になり，それぞれのフィーチャに情報が結合されます．

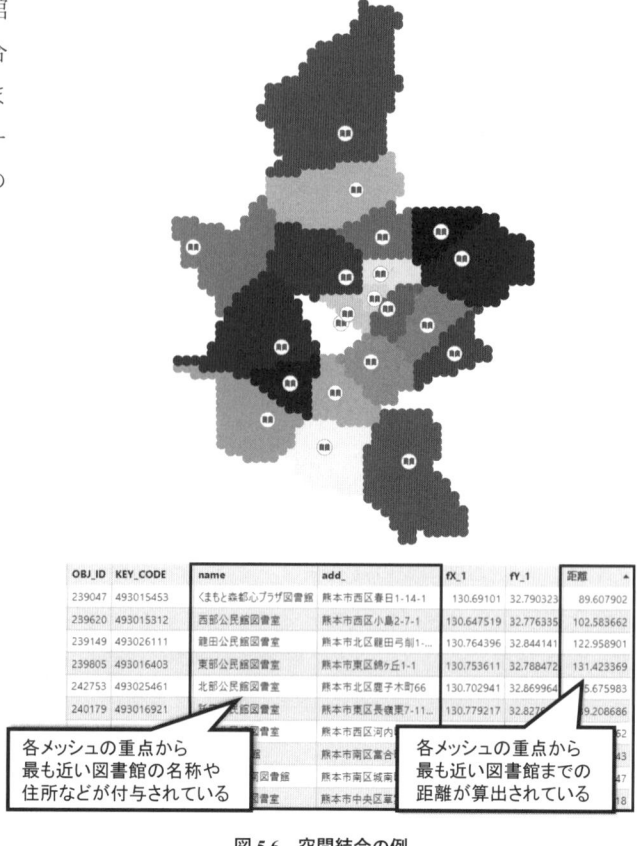

OBJ_ID	KEY_CODE	name	add_	fX_1	fY_1	距離
239047	493015453	くまもと森都心プラザ図書館	熊本市西区春日1-14-1	130.69101	32.790323	89.607902
239620	493015312	西部公民館図書室	熊本市西区小島2-7-1	130.647519	32.776335	102.583662
239149	493026111	龍田公民館図書室	熊本市北区龍田弓削1-...	130.764396	32.844141	122.958901
239805	493016403	東部公民館図書室	熊本市東区錦ヶ丘1-1	130.753611	32.788472	131.423369
242753	493025461	北部公民館図書室	熊本市北区�麻電子木町66	130.702941	32.869964	5.675983
240179	493016921	民図書室	熊本市東区長嶺東7-11...	130.779217	32.827	9.208686
		図書室	熊本市西区河内...			
		図書館	熊本市南区富合...			
		図書室	熊本市南区城南...			
		図書室	熊本市中央区草...			

各メッシュの重点から最も近い図書館の名称や住所などが付与されている

各メッシュの重点から最も近い図書館までの距離が算出されている

図5.6　空間結合の例

5.3　空間データの結合

5.3.1 マージ

マージは，複数のGISデータを1つの新たなGISデータに結合することができます．結合する場合には，ポイントとポイント，ラインとラインといったように同じ図形データのタイプでなければ結合ができないため注意が必要です．複数のGISデータを1つにまとめる方法には，**アペンド**という機能もあります．アペンドは，複数のGISデータを1つの既存のGISデータに追加します．

e-Statの小地域の境界データは，都道府県全体または市区町村を選択してデータを入手できるようになっています．政令指定都市を対象とする場合，区ごとにデータが提供されているため，複数のデータをそれぞれダウンロードし，GISアプリケーション上でマージを活用してデータを1つに

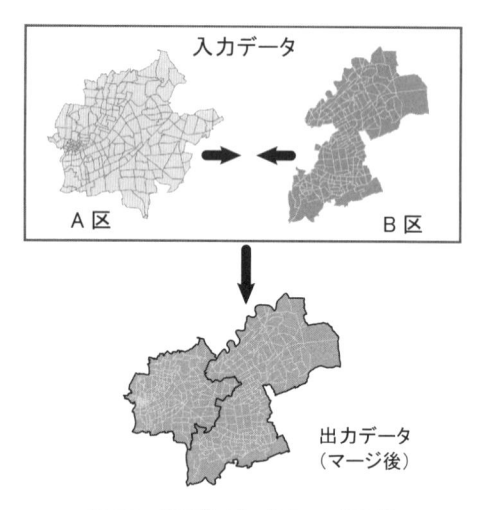

図5.7　ポリゴンデータのマージの例

まとめる必要があります．例えば，A区とB区のポリゴンをマージする場合には，入力データにA区とB区を設定して，出力すると図5.7のような図ができます．

5.3.2 ディゾルブ

　ディゾルブは，指定した属性情報に基づいて，同じ値や同じ文字列を持つ複数のフィーチャを 1 つに結合する処理です．ここでは，ESRI ジャパンのウェブサイトから無償で入手可能な全国市区町村界データ[1] を用いてディゾルブを行う例を紹介します．このデータの属性情報には，「KEN」のフィールドに都道府県名が格納されています．このフィールドに入っている同じ都道府県名のポリゴンを結合し，都道府県単位の日本地図の GIS データを作成することが可能です（図 5.8）．

入力データ
日本地図
市区町村単位

属性情報の
「都道府県名」を
キーにして結合する

出力データ
日本地図
都道府県単位

図 5.8　ディゾルブの例

5.4　オーバーレイ

　GIS では，複数の空間データを重ね合わせて表示するだけではなく，特定の空間的な条件に合致する領域を抽出することができます．このように GIS データを重ね合わせることを**オーバーレイ**と呼びます．オーバーレイ解析において，抽出された領域は新しい空間データ及び属性データとして作成されます．ここでは，オーバーレイ解析のうち代表的な 3 つの手法を紹介します．

5.4.1 クリップ

　クリップは，任意の空間データの範囲のみを抽出する処理です．図形を使って説明すると，クリップフィーチャ（B）をクッキーや野菜の「抜き型」のように利用して，入力フィーチャ（A）からクリップフィーチャ（B）と重なる範囲のフィーチャ（C）として切り取ることができます（図 5.9）．クリップでは，切り取られた空間データと切り取られた部分に該当する入力フィーチャの属性データが出力フィーチャ（C）にコピーされ，通常は属性データを結合しません．例えば，土地利用のポリゴンデータと自然観察を行う定点から半径 500 m のバッファのポリゴンデータがあった場合，土地利用のポリゴンデータから半径 500 m バッファの範囲を切り出して，その範囲内の土地利用別構成比を算出することができます．

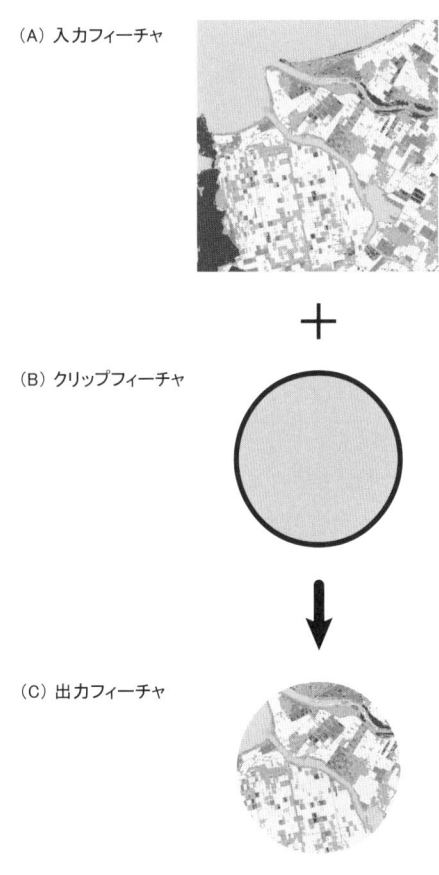

（A）入力フィーチャ

＋

（B）クリップフィーチャ

（C）出力フィーチャ

図 5.9　クリップの例

基礎編

5.4.2 インターセクト

インターセクトは，複数の空間データ同士が重なり合う領域のみを抽出する処理です．図形を使ってインターセクトの特徴をみていきましょう．入力フィーチャ（A）と交差フィーチャ（B）が重なる領域（C）を抽出し，フィーチャ（A）とフィーチャ（B）の両方の属性が与えられて新しいGISデータとして出力されます（図5.10）．

インターセクトは，広範囲のデータから対象とする地域の範囲を抽出する場合に用います．例えば土地利用のポリゴンデータと地域の境界ポリゴンデータの2つでインターセクトをすると，地域の領域内にある土地利用のみが抽出されます．抽出されたデータを用いると，各領域内の土地利用面積や土地利用別の構成比を算出することができます．

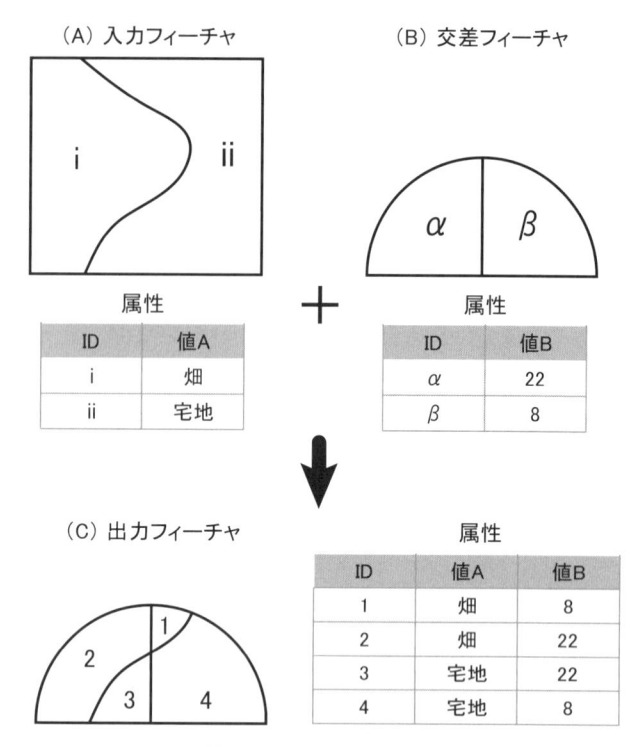

図5.10　インターセクトの例

5.4.3 ユニオン

ユニオンは，複数のポリゴンデータを統合する処理です．ユニオンでは，すべての結合されたポリゴンと属性データが格納された新しいGISデータとして出力されます．出力されたデータは，ポリゴン（A）とポリゴン（B）とが重なっている領域では両方のポリゴンの値が属性データに入り，それ以外は一方のみに値が入ります．例えば，ポリゴン（A）のみの領域では（B）に関する属性に−1などのエラーを示す値や空白が便宜的に付与されます（図5.11）．

ユニオンは，2つのポリゴンデータを空間的な位置関係に基づいて統合して処理する場合に用います．例えば，土地利用のポリゴンデータと土壌の分布を示したポリゴンデータがあり，これらをユニオンでデータを統合します．統合したデータは，土地利用と土壌の両方のデータを保有しているため，土地利用別かつ土壌の系統別に面積などが算出でき，土地利用と土壌との関係を検討することも可能です．

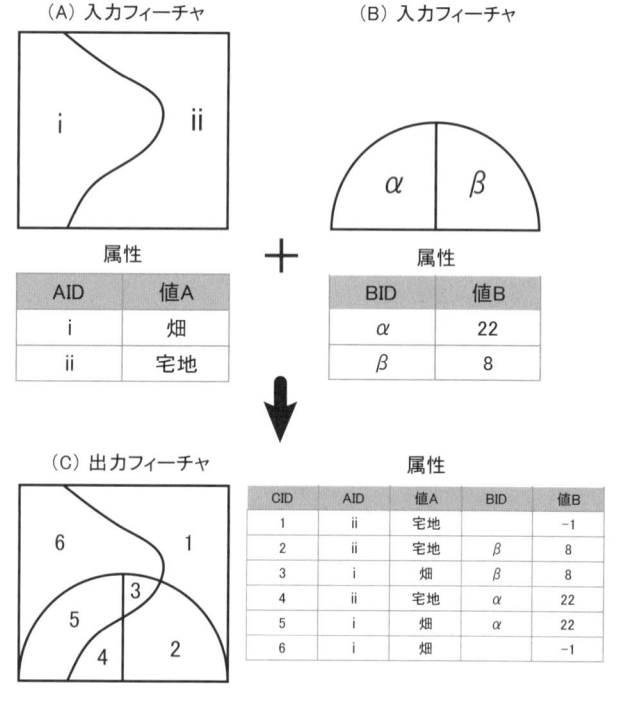

図5.11　ユニオンの例

5.5　ラスター演算

　ラスター演算とは，重ね合わせた画像同士の同じ位置のピクセル値の四則演算をすることや（図5.12），特定の条件に当てはまる地域の抽出など，ツールを組み合わせてさまざまな演算を行うことを指します（第 10 章，第 11 章参照）．ラスター演算を行う場合には，画像の座標系，**解像度**，セルの位置や領域が共通している必要があります．通常ラスター演算は，複数のラスターデータを用いて行われるケースが多いです．複数のラスターデータを演算する際には，演算を行う前にセルの値を対数値への変換，セルの値を 0 ～ 1 の基準化の処理を行うことや，演算時に重要なラスターの値には重みづけをすることもあります．

　ラスター演算を使った研究事例としては，地形解析による自然災害のリスクを評価・可視化する研究や，土地利用，人口分布，競合する商業施設などのデータをもとに商業施設の新規出店の適地を選定する研究（第 11 章参照），野生動物の出没情報と植生，地形，土地利用など複数のラスターデータを用いて野生動物の生息分布の予測あるいは被害リスク評価の研究などがあります（第 13 章，第 20 章参照）．自然現象や環境問題は，その現象や問題の背景に関連する要因が多いため，さまざまな種類や多数のデータを用いて解析することがあります．このように大量のデータを効率的に解析するにはラスターデータのほうが扱いやすい特徴があります．また，広域を対象とした解析を行う場合にも，ラスターデータを使った演算は適しています．

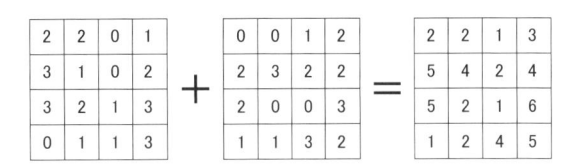

図 5.12　ラスター演算の例

> 💡 **課題**
> ・GIS データの検索方法には属性検索と空間検索がありますが，どのような違いがあり，どのような場面で活用するのか議論してみましょう．
> ・オーバーレイ解析はどのような解析手法があり，それぞれどんな特徴があるか述べてみましょう．

【注】
1）ESRI ジャパン「全国市区町村界データ」https://www.esrij.com/products/japan-shp/（2024 年 7 月 31 日閲覧）

基礎編

Memo ✎

第6章 GISデータの作り方

本章のポイント

◆ GISで使用できるデータは，自分で作ることもできます．

◆ GPSなどの位置情報データから移動軌跡を作成する方法，住所を緯度経度に変換して地図上にプロットする方法，紙地図などの位置合わせを行い，GISで正しい位置に読み込めるようにする方法を理解しよう．

6.1 XYデータの変換

みなさんは「トレイルマップ」や「自転車大好きマップ」というウェブサイトを見たことがあるでしょうか？　これらのサイトでは，ユーザー自らが歩いた，あるいは自転車で走行したルートをアップロードして，地図上で他のユーザーと共有することができます．ルートだけでなく，コースとしての見どころや評価などの口コミも共有できることが特徴です．では，これらのルートはどのように生成そして登録されているのでしょうか？

このようなルート（移動軌跡のデータ）を記録するときには，GPSロガーがしばしば用いられます．これはGPS受信機にデータ記録機能が内蔵されているもので，時刻と現在位置の緯度経度をユーザーが指定した間隔で取得，記録していく機器です．ランニングなどの記録を取るための，小型軽量の機器も開発されています．また，スマートフォンにもGPS受信機が内蔵されていることから，記録用のアプリを使うことでスマートフォンをGPSロガーの代わりとして使うこともできます．

このように取得された緯度経度などの位置を表すデータを **XYデータ** と呼びます．

GISにはXYデータからポイントを生成する機能や，生成されたポイントを順番に接続し，ラインデータを生成する機能が搭載されたものがあります．この機能を使うことで，GPSロガーで取得した移動軌跡をGIS上で扱うことが可能となります．なお，Xは東西方向，Yは南北方向を指し，「緯度経度」という慣例表現とは順序が逆転しているので，留意する必要があります．

このXYデータからポイントを生成する際に気をつけたいのが **測地系** と **座標系** です．地表面のあらゆる場所に一意に緯度経度を割り当てる仕組みが測地系ですが，その方法は改善が繰り返されており何通りもあります．これは地球が完全な球体ではなく，南北方向にやや潰れた回転楕円体であることと，地球内部の密度が均質ではないため等重力面がきれいな回転楕円体にはならないことが要

図 6.1　地理座標系（左）と投影座標系（右）の違い（QGISで同一縮尺で表示）
出典：「国土数値情報（行政区域データ・2024年）」のデータをもとに作成．

因で，なるべくそれに近づける形が模索されています．等重力面を適切に定めることで，地球上のどこでも必ずモノが高いところから低いところへ落ちる状態を担保できるため，地理空間情報を扱ううえで測地系は根幹を担っているともいえます．

さらに，ある測地系をもとにしても地球上の各地点に一意の X 座標と Y 座標を割り当てる方法はさまざまです．大きく分けると，地球を立体のまま扱い，緯度経度など角度の単位を座標として用いる**地理座標系**と，地図やコンピュータースクリーンなどの平面への投影を前提にしてその平面上での原点からの距離を座標として用いる**投影座標系**があります．日本のような中緯度にある地域を扱う場合，地理座標系を選択して GIS 上にデータを表示すると，やや南北に潰れたような印象を与える地図になります（図 6.1）．

GIS は異なる座標系のデータであっても併用することが可能です．ここで，XY データの追加を行う際には，座標系を正しく設定しないと私たちの意図しない場所にポイントが生成されることになります．

6.2　アドレスマッチング

空間データとは，場所を表す情報とその場所に関する属性情報の組み合わせのことを指していました．このうち場所を表す情報は，一般に座標という形式で与えられています．緯度経度が代表的なものでしょう．しかし，時には座標が得られない場合もあります．例えば，マーケティングにお

ける顧客の居住地や，防災計画における避難所の立地などは，住所の情報は得られても座標の形式では情報が得られないかもしれません．住所も私たちの日常生活において特定の場所を表すことに使用されており，郵便物が正しく配達されることから考えても，場所を表す情報として住所が十分機能していることが理解できます．しかし，先述の通り，住所は座標ではありません．このように場所を表すが座標ではない情報から座標に変換する操作を**ジオコーディング**といいます．特に住所から座標に変換することが多く，この場合を**アドレスマッチング**と呼ぶこともあります．

東京大学空間情報科学研究センターが提供するアドレスマッチングサービス[1]は，座標に変換したい住所の CSV ファイルを用意して，当該サービスのウェブサイトに送信すると，CSV ファイルに座標が付与されて返却されます．座標は，地理座標系である緯度経度と，投影座標系である公共測量座標系から選択することができます．変換結果の例を図 6.2 に示します．

ここで iLvl はアドレスマッチングのシステムが住所のどの階層までを認識して変換できたかを表し，iConf が変換の信頼度を表します．iLvl の数字が大きいほど，より細かい階層まで座標変換に反映されています．例えば iLvl が 5 であれば大字，6 であれば丁目，7 であれば街区レベルです．ここで，街区レベルまでの住所を入力したのに iLvl が 3 すなわち市町村レベルになっているなど，入力したデータよりも大きな階層までしか変換されていない場合は，入力したデータが誤っ

	A	B	C	D	E	F	G
1	name	address	LocName	fX	fY	iConf	iLvl
2	茨城県庁	茨城県水戸市笠原町978-6	茨城県/水戸市/笠原町/９７８番地	140.44408	36.34068	5	7
3	栃木県庁	栃木県宇都宮市塙田1-1-20	栃木県/宇都宮市/塙田/一丁目/１番	139.8835	36.56613	5	7
4	群馬県庁	群馬県前橋市大手町1-1-1	群馬県/前橋市/大手町/一丁目/１番	139.06073	36.39088	5	7
5	埼玉県庁	埼玉県さいたま市浦和区高砂3-15-1	埼玉県/さいたま市/浦和区/高砂/三丁目/１５番	139.649	35.85736	5	7
6	千葉県庁	千葉県千葉市中央区市場町1-1	千葉県/千葉市/中央区/市場町/１番	140.12314	35.60429	5	7
7	東京都庁	東京都新宿区西新宿2-8-1	東京都/新宿区/西新宿/二丁目/８番	139.69177	35.68963	5	7
8	神奈川県庁	神奈川県横浜市中区日本大通1	神奈川県/横浜市/中区/日本大通/１番地	139.64259	35.4477	5	7

図 6.2　アドレスマッチングの結果の例

ている場合もあるため，入
力データを確認してみま
しょう．

　また，入力データに対し
て戻される変換結果は，当
該領域の代表点であること
にも注意する必要がありま
す．例えば，一般公開され
ているアドレスマッチング
サービスは，iLvl が 7 すな
わち街区レベルの精度まで
しか提供されていないた
め，同じ街区内で隣接する

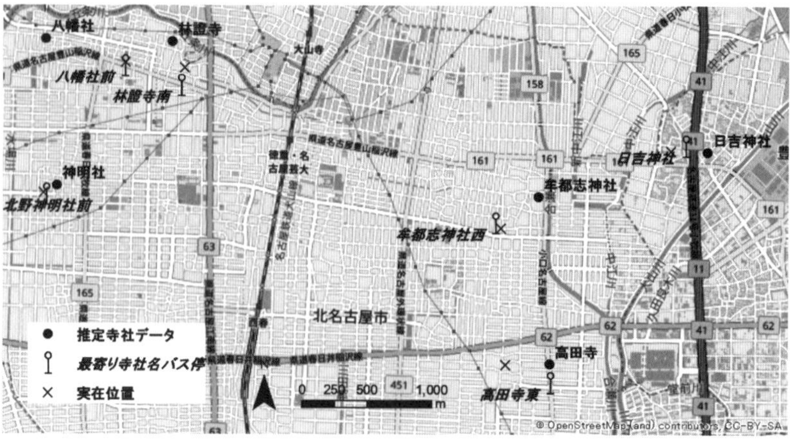

図 6.3　推定宗教法人ポイントデータ ©OpenStreetMap Contributors
出典：相ほか（2018）.

敷地にマッピングされるべきデータを区別するこ
とや街区内でどの道路に面しているか判別するこ
とは，変換結果の座標値がいずれも同一になって
しまうために困難です．研究目的に限り，街区よ
りも細かい，号レベルのアドレスマッチングサー
ビスも利用できるため，街区内の異なる敷地に
データをマッピングすることができるようになり
ます．この場合でも，例えば同一の共同住宅に住
む複数の住民や同一のオフィスビルに入居する複
数の企業は，地図上では同一地点に存在している
ため，座標値も同一になります．建物の高層化と
高度利用が進んでいる都市部の分析では，このよ
うな点にも注意する必要があります．

　ここで，アドレスマッチングを利用した研究事
例を紹介しましょう．都市の中の寺社地は，一部
ではあるものの，地域住民の憩いの場や災害時の
避難場所及び救援拠点として，歴史的にもオープ
ンスペースとしての役割を担ってきました．しかし，
寺社地はあくまで宗教法人が所有する私有地であ
り，先に述べたような都市研究上の重要さはある
ものの，その位置の情報が網羅的に公的セクター
によって整備されることがありませんでした．そこ
で，桐村ほか（2017）では，法人番号のオープンデー
タを活用して，その位置データの整備を試みまし
た．具体的には，法人番号とともに，名称，法人

種別，住所などが網羅されたデータが公開されて
いるため，このデータのうち名称と法人種別を用い
て，寺社であろう法人だけを抽出し，その住所デー
タをアドレスマッチングによって座標に変換するこ
とでポイントデータを整備しました（図 6.3）．さら
に，このようにして作成したデータの正確性を高
めるため，至近の寺社名が含まれることの多いバ
ス停名称を参照して，位置データを補正すること
ができるかも検証しました（相ほか 2018）．バス停
名称データも国土数値情報として公開されている
ものです．

6.3　ジオリファレンス

　空間データは，必ずしも直ちに GIS で利用可能
な形式で入手できるとは限らないことは先述の通
りです．6.2 では，住所録のようなリスト形式で
空間データが入手できた場合の変換方法について
説明しました．ここでは古地図に代表されるよう
な紙地図を活用する場合を考えてみましょう．紙
地図をスキャンして画像データにした場合でも，
その画像には**空間参照**が定義されていないので，
地球上のどこの地図であるかは GIS に認識され
ないと考えられます．航空写真や衛星写真を使用
する場合も，同様のケースが想定されるでしょう．

空間参照を持たない画像に対して空間参照を定義し，GIS で他のレイヤーと重ねて利用できるようにする作業を**ジオリファレンス**と呼びます．

ジオリファレンスを行う際は，空間参照を定義したい画像ファイルと，正しい空間参照が定義された空間データを用意します．GIS ソフトを用いて両者の間で同一地点とみなせる場所を登録していくことで，画像ファイルに空間参照を定義していきます．この同一地点とみなせる場所を**コントロールポイント**といいます．

どのような地点をコントロールポイントにするかは，画像ファイルの地図に載っている情報や参照する空間データの種類にもよりますが，同一地点であると特定しやすい地点を選ぶと良いでしょう．自然地形では岬や河川の合流点，市街地では主要道路の交差点などが考えられます．古地図や認知地図の場合は，同一地点を見つけることが困難であることも考えられますが，架橋地点は一般に大きく移動しないことから，また古くからの路地が残っている場合は，線形が特徴的な箇所が見つかる可能性があることから，それぞれ良い目安になります．正確な位置の特定という意味ではやや正確性に欠けますが，寺社のように古くから残っていると考えられる施設を頼りにしても良いでしょう．ただし，橋は架け替えの際に移動する可能性があり，寺社も移転や遷座がありうるので，必要に応じて文献調査などが必要になります．

コントロールポイントは，通常 3 つか 4 つ設定すると概ね安定した空間参照の定義が可能です．その際は，各コントロールポイントをなるべく互いに離れた地点に配置すること，3 つ以上のコントロールポイントがなるべく同一直線上に並ばないようにすることが重要です．

通常 GIS ソフトでは設定したコントロールポイントを一覧管理できるので，いくつかコントロールポイントを設定して，その中からどの組み合わせで採用すると最も画像ファイルの当てはまりが良いか，試行錯誤すると良いでしょう．

例えば塚本・磯田（2007）の研究では，近世初期の京都の古地図をジオリファレンスして空間的な歪みがどのような地域に出現するのか定量的に分析することを試みています．京都市は古い街路網が残っているところも多く，また古地図も多く残されているため，このような研究が行いやすい地域の 1 つといえるでしょう．

💡 **課題**

・南北方向に移動しながら GPS で取得した座標を XY データの変換で GIS 画面上に表示したとき，東西方向に移動したように表示されてしまいました．どの手順でどのようなミスをしたのか考えてみましょう．

・江戸時代の城下町の古地図をジオリファレンスするとき，どのような地点がコントロールポイントとなりそうか考えてみましょう．

【参考文献】

相 尚寿・桐村 喬・板井正斉 2018. バス停名称を用いた推定寺社位置データの位置精度検証の可能性. 地理情報システム学会講演論文集：27（CD-ROM）.

桐村 喬・板井正斉・相 尚寿 2017. 法人番号データを活用した宗教法人 GIS データの作成の試み. CSIS DAYS 2017 研究アブストラクト集：B01.

塚本章宏・磯田 弦 2007.「寛永後萬治前洛中絵図」の局所的歪みに関する考察. GIS‐理論と応用 15（2）：63-73.

【注】

1）CSV アドレスマッチングサービス 東京大学空間情報科学研究センター「位置参照技術を用いたツールとユーティリティ」https://geocode.csis.u-tokyo.ac.jp/home/csv-admatch/（2024 年 4 月 15 日閲覧）.

第7章　さまざまなGISデータ

◆ オープンデータや有償のデータには，どのようなGISデータがあるのか理解しよう．
◆ 研究テーマに合わせて，必要なデータの入手方法を理解しよう．

7.1　GISデータ

　GIS を使うには地理空間データ（GIS データ）を用意する必要があります．現在はスマートフォンやデジタルカメラなど **GPS**（**Global Positioning System**）が搭載されている機器が増え（第 2 章参照），GPS を活用して現地調査で収集したデータを GIS データとして自ら容易に作成できるようになりました（第 6 章，第 17 章参照）．他方，日本では 2007 年の地理空間情報活用推進基本法施行以降，国や地方公共団体がインターネット上で GIS データを無償配信する動きが進み，**オープンデータ**として普及するようになってきました（第 2 章，第 16 章参照）．また民間企業は，付加価値のある GIS データを有償で提供しています．このように現在ではさまざまな GIS データが無償や有償で提供されるようになり，これらの GIS データを活用して空間解析が比較的行いやすくなってきました．ここでは，代表的な GIS データについて紹介します．

7.2　国が提供するGISデータ

7.2.1 基盤地図情報（https://www.gsi.go.jp/kiban/）

　基盤地図情報は，国土地理院が提供している GIS データであり，デジタル地図の位置の基準となる情報です．基盤地図情報では，基本項目として，測量の基準点，海岸線，公共施設の境界線，

行政区画の境界線及び代表点，道路縁，軌道の中心線，標高点，水涯線，建築物の外周線など 13 基本項目の GIS データが公開されています．また数値標高モデルも提供されており，標高の 1 m メッシュ，5 m メッシュ，10 m メッシュの 3 種類のデータがあります．このほかにも日本の標高を決定するための基盤として作成されたジオイド・モデルも提供されています．基盤地図情報をダウンロードする際には，ユーザー登録が必要になります．データは xml 形式での提供のため，GIS アプリケーションでそのままデータを読み込むことはできません．基盤地図情報ダウンロードサービスで提供されている基盤地図情報ビューアでは，基本項目と**数値標高モデル**（**DEM**）を表示でき，shape 形式や拡張 DM 形式等へのエクスポートが可能です．大量のデータの表示やエクスポートは，時間がかかる場合や表示・エクスポートができないことがあります．ESRI 社の ArcGIS Pro では，国内変換ツールを用いることによって ArcGIS Pro で読み込むことができます．数値標高モデルについては，株式会社エコリスが無償で提供している基盤地図情報 標高 DEM データ変換ツール[1] を活用すると，GeoTIFF 形式で標高と陰影起伏図を作成することができます．

7.2.2 国土数値情報（https://nlftp.mlit.go.jp/ksj/）

　国土数値情報は，地形，土地利用，公共施設，交通など国土に関わる基礎的な空間情報データ

ベース集として国土交通省が公開しており，無償で GIS データを提供しています．ただし，一部のデータは利用条件に商用利用できないものがあるため，商用利用する場合には利用条件を念のため確認してください．

国土数値情報が提供する GIS データは，水域，地形，土地利用，地価，行政区域，大都市圏・条件不利地域，災害・防災，施設，地域資源・観光，保護保全，交通，パーソントリップ，各種統計（将来推計人口メッシュ）のカテゴリがあり，各カテゴリ内には多岐にわたる分野に関連したポイント，ライン，ポリゴンデータと一部ラスターデータがあります．これらのデータは最新版と一部過去のデータが提供されています．国土数値情報のGIS データは主に shape 形式でダウンロードでき，世界測地系の JGD2000 または JGD2011 の地理座標系が定義されています．利用する際にはダウンロードページに掲載されている座標系の情報を確認し，GIS アプリケーション上で表示させるときには，適切な座標系に設定する必要があります．

なお，国土地理院が整備する基盤地図情報，数値地図シリーズ，数値標高データをすべて統合した地理空間データは，数値地図として有償で日本地図センターから購入することができます．数値地図は，地図表現に必要なデータ項目，属性情報が格納されており，データ形式（GML 形式または shape ファイル形式）と提供方法（オンラインまたは DVD）を選択できます．

7.2.3 e-Stat 政府統計の総合窓口

（https://www.e-stat.go.jp/）

e-Stat 政府統計の総合窓口は，日本政府が公表する統計データを 1 つにまとめて，検索ができるようにしたポータルサイトです．このサイトでは，各府省等が公表する統計データのほかに，**小地域**（町丁・字や地域メッシュなど）単位の境界の GIS データを入手することができます．GIS データに対応する統計データは，**国勢調査**，**事業所・企業**統計調査，経済センサス，農林業センサスなどに限られています．国勢調査であれば，2000 年から2020 年までの 5 回分の統計データと境界データをダウンロードすることができます．小地域の GIS データは，年次によって境界が変化しているため，時系列での比較や変化を見る場合には注意が必要です．

7.2.4 自然環境調査 Web-GIS

（http://gis.biodic.go.jp/webgis/index.html）

自然環境調査 Web-GIS は，環境省自然環境局生物多様性センターが，自然環境保全基礎調査の結果や国立公園・国指定鳥獣保護区域等・自然環境保全地域，沿岸海域変化状況調査の GIS データを提供しています．自然環境保全基礎調査は，**植生調査**など植物に関わる調査，河川や湖沼，湿地など水域に関わる調査，サンゴ，マングローブなど海域や海辺に関わる調査，要注意鳥獣（クマ等）や中大型哺乳類の生息分布調査などの調査項目ごとにデータが提供されています．このほかにも 2 次メッシュ（10 km メッシュ），5 km メッシュ，**3 次メッシュ（1 km メッシュ）**の図郭線がダウンロードできます．これらは shape ファイル形式で入手ができます．一部のファイルについてはKML 形式でも入手可能です．

7.3　民間企業のデータ

7.3.1 地図・統計データ

公共データのオープンデータ化が進み，GIS で用いる地図データや統計データが無償で入手できるようになってきましたが，都道府県や市区町村などを 1 つないし数カ所の地図データをダウンロードする場合は，それほど時間や労力はかからないものの，全国一括など広域のデータを同時に入手したい場合には，膨大な時間や労力が必要になります．例えば，国勢調査の地図データ（境界データ）と統計データを全国一括で入手したい場

36

合には，ESRI ジャパン株式会社が国勢調査，経済センサス，商業統計メッシュデータなどをもとに作成した統計データと地図データを収録した「ESRI ジャパン データコンテンツ スターターパック」を販売しています．このほか，さまざまな GIS で活用できるデータを有償で提供しています．

全国や都道府県などの単位で字・丁目レベルの行政界ポリゴンデータは，NTT インフラネット株式会社が販売する「GEOSPACE 行政界ポリゴン」，国際航業株式会社が販売する「PAREA-Town2500」，株式会社昭文社「MAPPLE デジタル地図データ」などがあります．

7.3.2 住宅地図のGIS データ

株式会社ゼンリンは，道路，鉄道などの構造物，行政界に加えて基盤地図情報にはない一軒一軒の建物名称や居住者名までカバーされた GIS データ「Zmap-TOWNII」を販売しています．ベクトルデータ形式でほぼ全国を整備しており，市区町村単位で購入することができます．また，住宅地図から作成した建物ポイントデータも別途販売しています．

7.3.3 道路ネットワークデータ

道路の GIS データには，一般財団法人日本デジタル道路地図協会の「デジタル道路地図データベース」があります．このデータベースは，国土地理院の 2 万 5 千分の 1 地形図をもとに作成され，全国の地方整備局等，都道府県，市町村，高速道路会社，道路関係公社など全国の道路管理者の資料と新刊地図（基盤地図情報）により毎年データの更新がされており，高速道路，国道，都道府県道と幅員 3.0 m 以上の道路がベクターデータで提供されています．このデータベースは，利用者の所属する団体や目的によって利用範囲や利用料金等の費用が異なります．「デジタル道路地図データベース」と互換の**道路ネットワークデータ**は，

北海道地図株式会社から「GISMAP for Road」として販売されています．

このほか住友電工システムソリューション株式会社の「全国デジタル道路地図データベース」があります．これには，2 万 5 千分の 1 相当の道路ネットワークデータが格納されていますが，信号有無情報や交通規制などを収録し，精度の高い経路計算が可能な「拡張版全国デジタル道路地図データベース」もあります．このデータとリンクさせる形で国際航業株式会社では，国土交通省が実施する道路交通センサス一般交通量調査を GIS データ化した「PAREA-Traffic 交通センサス」を提供しています．

7.3.4 人流データ

人流データは，スマートフォンの GPS や基地局から得られた位置情報や，Free WiFi スポットの接続ログ，公共交通機関の乗降者データなどから収集されています．人流データは，人がいつどこに何人いるのか，人がどこからどこへ移動したのか，同じ場所にとどまった時間を把握でき，観光やまちづくりなどの多くの分野で活用が期待されています．

代表的な人流データは，通信キャリアが自社の携帯電話を繋ぐネットワークの仕組みを利用して統計データサービスとして提供しています．KDDI 株式会社の「KDDI Location Data」や株式会社ドコモ・インサイトマーケティングの「モバイル空間統計」，ソフトバンク株式会社の「全国うごき統計」などがあります．

国土交通省では，新型コロナウイルス感染症等に伴う人流の動向を独自に分析できるよう，2019 年 1 月から 2021 年 12 月までの携帯電話端末等の位置情報データから得られる広域な人流データをオープンデータとして，G 空間情報センター[2]にて公開しています．

7.4 海外のGISデータ・衛星画像

7.4.1 Natural Earth

（https://www.naturalearthdata.com/）

Natural Earth は，パブリックドメインの世界地図データを提供するサイトです．陸地ポリゴン，国境線，市街地，人口集中地区，海岸線，河川，湖沼，標高点などのベクターデータが提供されています．ラスターデータについては，衛星画像をもとに彩色された地形に関する画像等が入手できます．ただし，データの精度はデータの種類によって異なるため，利用する際には注意が必要です．

7.4.2 WorldClim

（https://www.worldclim.org/data/index.html#）

WorldClim は，約 1 km^2 の空間解像度を持つ地球規模のグリッド気候データです．過去や将来の気候データもダウンロードできます．

7.4.3 Landsat

Landsat は，1972 年に初めて打ち上げられ，長期にわたって観測している衛星です．30 m の分解能をもっており，植生解析，土地被覆の把握，水資源などのモニタリングで幅広く活用されています（第 19 章参照）．Landsat データをダウンロードするには，アメリカ地質調査所（USGS）の EROS Registration System [3] のアカウント登録が必要です．EarthExplorer [4] または LandsatLook [5] から検索し，Landsat 1-5，7，8，9 の画像をダウンロードすることができます．また，EO Browser [6] からも Landsat の画像を入手することができ，ブラウザで解析や計測を行うことができます．

7.4.4 Sentinel

Sentinel-2 は 13 バンド観測波長帯をもっており，可視光（マルチスペクトル）で 10 m，植生では 20 m の分解能画像です．土地被覆の把握や自然災害，農作物の生息状況などの幅広い分野の研究に活用されています（第 19 章参照）．Sentinel の衛星画像はいくつかのサイトから入手することができます．1 つは，Copernicus Data Space Ecosystem [7] です．ユーザー登録が必要ですが，Sentinel-1，2，3，5P の衛星画像が入手できるサイトです．ただし，同時にダウンロードできる件数の制限があり，入手したい画像の時期によっては運用サイトでダウンロードのリクエストを行う必要があります．リクエストしてからダウンロード可能になるまでに，数時間から数日かかる場合があります．Sentinel-1 の画像処理には，Sentinel のウェブサイトから提供されている Toolbox [8] を利用することができます．また，Sentinel-1，2，3，5P は，Sentinel Hub EO Browser からもユーザー登録を行えば入手可能です．ブラウザで解析や計測したい場合にも，EO Browser を活用することができます．このほか Sentinel-2 on AWS（Amazon Web Service）や Google Earth Engine を経由して，衛星画像をダウンロードできるようになっています．

7.4.5 ALOS（だいち）

G-Portal [9] は，宇宙航空研究開発機構（JAXA）の地球観測衛星で取得されたデータを検索・ダウンロードできるポータルサイトです．データをダウンロードする際には，ユーザー登録が必要です．このポータルでは ALOS（Advanced Land Observing Satellite）の画像は入手することができませんが，ALOS オルソ補正画像プロダクト（ALOS ／ AVNIR-2 の観測期間 2006 ～ 2011 年の画像）は，Earthdata [10] へのユーザー登録を行うと，ASF Data Search サイト [11] から検索・ダウンロードが可能です．ALOS-2 ／ PALSAR-2 観測プロダクトは有償データですが，災害関連データ [12] については ALOS 利用促進研究プロジェクトのウェブサイトで無償公開を行っています．

同ウェブサイト [13] では，ALOS が観測したデータをもとに作成した，高解像度土地利用土地被覆図（GeoTIFF 形式）が提供されています．ユーザー

38

登録が必要になりますが，土地被覆図は日本域，沖縄島，ベトナム域の 10 m 及び 30 m 解像度のデータをダウンロードすることができます．土地被覆図のほかにも，SAR 全球モザイク・森林マップ（25 m 解像度）など複数のデータセットが提供されています．

7.5 その他のウェブサイト

GIS データは，ウェブを通じて無償や有償で多数提供されるようになり，今後も拡大していくでしょう．ここでは，主に日本の代表的なデータを紹介しましたが，紙面の制約上，紹介できなかった国内外のデータやポータルサイト情報を紹介します（表 7.1）．なお，紹介するウェブサイトは 2024 年 5 月時点の情報になります．

課題
・研究テーマや興味があるテーマに合う GIS データとはどのような種類で，どこから入手可能か書き出してみましょう．
・上記で書き出したデータが入手可能なサイトにアクセスして，データの性質や特徴，データ利用の規定について調べてみましょう．
・実際にデータを入手し，GIS で可視化にチャレンジしてみましょう．

1) 株式会社エコリス「基盤地図情報 標高 DEM データ変換ツール」https://www.ecoris.co.jp/contents/demtool.html（2024 年 5 月 14 日閲覧）．
2) G 空間情報センター https://front.geospatial.jp/（2024 年 5 月 14 日閲覧）．
3) アメリカ地質調査所（USGS）「EROS Registration System」https://ers.cr.usgs.gov/register（2024 年 5 月 14 日閲覧）」．
4) アメリカ地質調査所（USGS）「EarthExplorer」https://earthexplorer.usgs.gov/（2024 年 5 月 14 日閲覧）．
5) アメリカ地質調査所（USGS）「LandsatLook」https://landsatlook.usgs.gov/explore（2024 年 5 月 14 日閲覧）．
6) EO Browser https://apps.sentinel-hub.com/eo-browser/（2024 年 5 月 14 日閲覧）」）
7) Copernicus Data Space Ecosystem https://dataspace.copernicus.eu（2024 年 5 月 14 日閲覧）．
8) Sentinel Online「The Sentinel-1 Toolbox」https://sentinel.esa.int/web/sentinel/toolboxes/sentinel-1（2024 年 5 月 14 日閲覧）．
9) JAXA G-Portal 地球観測衛星データ提供システム https://gportal.jaxa.jp/gpr/（2024 年 5 月 14 日閲覧）．
10) NASA EARTHDATA「EARTHDATA LOGIN」https://urs.earthdata.nasa.gov/users/new（2024 年 5 月 14 日閲覧）．
11) NASA EARTHDATA「ASF Data Search」https://search.asf.alaska.edu/#/?dataset=AVNIR（2024 年 5 月 14 日閲覧）．
12) JAXA ALOS 利用推進研究プロジェクト「ALOS-2 / PALSAR-2 観測プロダクト」https://www.eorc.jaxa.jp/ALOS/jp/dataset/open_and_free/palsar2_l11_l22_j.htm（2024 年 5 月 14 日閲覧）．
13) JAXA ALOS 利用推進研究プロジェクト https://www.eorc.jaxa.jp/ALOS/jp/index_j.htm（2024 年 5 月 14 日閲覧）．

Memo

表 7.1　GIS データの入手可能なウェブサイト

国内：ポータルサイト	
G 空間情報センター	官民問わずさまざまな主体により整備・提供される多様な地理空間情報を集約したプラットフォームです．地理空間データを検索・ダウンロードができます．**URL** https://front.geospatial.jp/
デジタル庁	オープンデータ取組済自治体一覧の Excel，CSV ファイルが公開されています．そこには都道府県，市区町村ごとのオープンデータサイトの URL が掲載されており，ウェブサイトから地理空間データを入手することができます．**URL** https://www.digital.go.jp/resources/data_local_governments

国内：ウェブサイト	
農林水産省	**漁業集落境界データ** 2013 年漁業センサスをもとに作成した漁業集落境界データです．「地域の漁業を見て・知って・活かす DB」から漁業センサスのデータ，漁業集落境界データやデータの利用の手引きがダウンロードできます．**URL** https://www.maff.go.jp/j/tokei/census/fc/database/index.html
	筆ポリゴン公開サイト 農地の区画情報（筆ポリゴン）は，農林水産省統計部が標本調査として実施する耕地面積調査等の母集団情報として整備したものをもととして作られた農地の区画の GIS データです．**URL** https://open.fude.maff.go.jp/
法務省	**登記所備付地図データ** 登記所備付地図データは，不動産登記法の規定に基づいて，登記所に備えつけられる地図を電子化したデータです．地図は，土地の位置や区画（筆界・境界）を明確にすることができる精度の高いものです．G 空間情報センターを通じて公開しています．**URL** https://www.moj.go.jp/MINJI/minji05_00494.html **URL** https://front.geospatial.jp/
国土交通省 国土数値情報 ダウンロードサイト	**位置参照情報** 全国を対象とした大字・町丁目レベル（代表点）と，都市計画区域相当範囲を対象にした街区レベル（代表点）の緯度経度情報を整備したデータの 2 種類があります．**URL** https://nlftp.mlit.go.jp/isj/index.html
	国土調査 地形，表層地質，土壌などの自然要素や土地の利用現況，災害履歴等の地図画像や GIS データがダウンロードできます．また河川や地下水等の水質，流量等に関する調査書と利水現況図（画像）や地理教育用教材も提供されています．**URL** https://nlftp.mlit.go.jp/kokjo/inspect/inspect.html
国立研究開発法人 農業・食品産業技術総合 研究機構	**日本土壌インベントリー** 20 万分の 1 土壌図（Shape ファイル）や 5 万分の 1 農耕地包括土壌図（KML データ），土壌物理特性値マップ作成用データ（CSV 形式）などのデータが提供されています．**URL** https://soil-inventory.rad.naro.go.jp/figure.html
	農研機構　メッシュ農業気象データシステム 農業現場向けの気象情報として，1 km メッシュ単位の全国の日別気象データを提供しています．1980 年 1 月 1 日から翌年 12 月 31 日までの過去，現在，未来のデータを得られます．データ取得には，ユーザー登録が必要です．**URL** https://amu.rd.naro.go.jp/wiki_open/doku.php?id=start
市区町村区域の GIS データ生成ツール	MMM（Municipality Map Maker）は，日本の市区町村の区域に関するポリゴンデータを生成するツールです．1970 年 1 月 1 日から 2019 年 5 月 1 日まで（2024 年 5 月時点）の任意の年月日における市区町村の区域データを Shape 形式で生成します．同期間の任意の 2 時点間の市区町村の対応表（CSV 形式）も出力できます．**URL** http://www.tkirimura.com/mmm/
GTFS データ リポジトリ 公共交通オープンデータ	GTFS（General Transit Feed Specification）は，公共交通に関する世界標準のデータフォーマットです．主にバスの静的データ（停留所，路線，便，時刻表，運賃 等）と動的データ（遅延，到着予測，車両位置，運行情報等）が提供されています．静的データは CSV 形式，動的データは Protocol Buffers 形式で提供されています． GTFS データ リポジトリ：**URL** https://gtfs-data.jp/ 公共交通オープンデータセンター：**URL** https://www.odpt.org/ T.Shimada's Data Lab.：**URL** https://tshimada291.sakura.ne.jp/transport/gtfs-list.html

40

表 7.1　つづき

海外：ポータルサイト	
opendatasoft	OpenDataSoft によって開発されたオープンデータポータルリストです．2900 以上のポータルサイトが掲載されており，地域ごとに分類されています． **URL** https://data.opendatasoft.com/pages/home/
U.S. CITY OPEN DATA CENSUS	アメリカの地方自治体のオープンデータ・センサスのポータルリストです． **URL** http://us-cities.survey.okfn.org/
the University of Texas Libraries' GIS and Geospatial Data Services	GIS・地理空間データサービスのサイトでは，テキサス大学図書館の GIS 関連リソースへのリンクを提供しています． **URL** https://guides.lib.utexas.edu/gis
Harvard WorldMap	Harvard WorldMap では地理空間データの検索，視覚化，編集，公開ができるプラットフォームで，ArcGIS Online で利用が可能です． **URL** https://worldmap.maps.arcgis.com/home/index.html
Natural England Open Data Geoportal	イギリスの自然環境に関する地図とデータを Magic Map Application で提供されています． **URL** https://naturalengland-defra.opendata.arcgis.com/
Open Geography portal	Office for National Statistics Open Geography ポータルでは，イギリスの行政地図，国勢調査の地図などが提供されています． **URL** https://geoportal.statistics.gov.uk
その他：ウェブサイト・WMS 配信	
Map Warper	Map Warper は画像や地図を変形・伸縮させて現実の地図の座標に合うよう整形するジオリファレンスを行うためのアプリケーションです．また地図の画像を現実の地図上に重ねて表示し，公開することができます．公開された地図は，画像や地図データとしてエクスポートすることができます．古地図などの歴史的資料も公開されています． Map Warper：**URL** https://mapwarper.net/ 日本版 Map Warper：**URL** https://mapwarper.h-gis.jp/
東北大学 外邦図デジタルアーカイブ	戦前に軍事的目的をもって作成された外邦図約 1 万枚がデジタルアーカイブされています．サイトでは，検索や地図画像表示・閲覧などができます．地図画像の転載や再配布等については，営利目的には使用できず，学術的な利用は外邦図デジタルアーカイブ作成委員会の許可が必要です． **URL** https://gaihozu-jp-tohokugeo.hub.arcgis.com/
地理院タイル	国土地理院が配信するタイル状の地図データです． **URL** https://maps.gsi.go.jp/development/ichiran.html
産業技術総合研究所 地質調査総合センター	出版済地質図のスキャンデータや地質図のベクトルデータから作成した地図画像が配信されています． **URL** https://gbank.gsj.jp/owscontents/
歴史的農業環境閲覧システム	明治時代初期に作成された関東地方の地図（迅速測図）を公開しています．土地利用変化の分析に利用することができます． **URL** https://habs.rad.naro.go.jp/
OpenStreetMap	OpenStreetMap は，オープンデータとして活用可能な二次元の地図を作成する世界規模の共同プロジェクトです．作成された地図は誰でも自由にダウンロードできるほか，アカウントを作成すると誰でも地図を編集することができます． **URL** https://www.openstreetmap.org

第8章 GISデータの空間分析

本章のポイント

◆ GISを用いた空間分析手法の基本的な概念と，都市空間を中心とした実社会への応用例を理解しよう．

◆ 一定距離内である，隣接するといった空間分析上の問いと，それらを幾何学的な特性で説明する場合の対応関係を理解しよう．

8.1 バッファ

8.1.1 バッファの基本概念

空間データを用いた分析のうち，基本的な問いとして考えられるのが，ある地物から一定距離内に他のどのような地物があるか，ある地物から見て最寄りの地物は何かといった近接性に関する問いです．例えば，鉄道駅から一定の距離内に何軒の住宅が建っているか，自宅から一定の距離内に何軒の小売店があるかなどは，マクロあるいはミクロな視点から，都市内でのアクセス性を議論しているといえます．ある都市内で鉄道駅やバス停から一定距離内に，全住民のうちどれくらいの割合が居住しているかを計算できれば，都市のコンパクト性を議論するための1つの指標となりうるでしょう．もちろん鉄道駅とバス停ではアクセスの際に許容できる距離が異なる可能性もあるため，鉄道駅とバス停からは異なる半径を設定することもできます．また，住民の個々人にとって自宅から一定距離内でどの程度多様な小売店あるいは医療機関にアクセスできるかは，生活の豊かさを表す指標の1つといえます．500 m，1 km，2 kmと検索半径を広げていき，それぞれの半径でアクセスできる施設数がどのように増えていくかを指標としても良いでしょう．

まず，ある地物から一定距離内の範囲をGISで計算したいときは，**バッファ**が用いられます．計算の基点となる地物がポイントであれば，そのバッファは円形となります．このとき基点となるポイントは**母点**とも呼ばれます．GISソフトによっては，基点となる地物がラインやポリゴンでもバッファが計算できるものもあり，このような計算は，高速道路沿道での騒音影響範囲の概算，公園緑地へのアクセシビリティ評価などに用いられています．

ポリゴンが基点となっているバッファの例としては，領海や排他的経済水域が挙げられます．これらは陸地に相当するポリゴンから，それぞれ12海里と200海里のバッファを生成したものだと考えることができます．

8.1.2 多重リングバッファ

図8.1は鉄道駅のポイント（図中では★で表示）から半径1 kmと2 kmのバッファを発生させた様子を模式的に表しています．このように同一の地物から複数の半径で発生させたバッファを，**多重リングバッファ**と呼ぶことがあります．また，図の中の黒い点がコンビニエンスストアを表してい

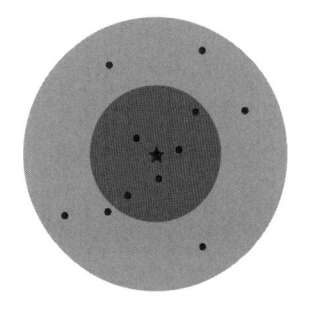

図8.1　バッファのイメージ
鉄道駅から半径1 km, 2 kmの多重リングバッファ．

ると考えてみましょう．半径1kmのバッファ内には5店ありますが，半径2kmのバッファ内には先の5店を入れても11店しかありません．半径2kmのバッファは，半径1kmのバッファの4倍の面積を持っていますから，半径1km以内のほうがコンビニエンスストアの密度が高いことがわかります．

8.1.3 バッファの境界線の削除

なお，母点が密集していたり，バッファの半径を大きく設定したりすると，複数の母点から生成されたバッファが互いに重なることがあります．このようなとき，GISソフトによってはそれぞれの母点から生成されたバッファを別々のポリゴンとして出力するか，いずれかの母点から一定距離内の領域であればすべて結合したポリゴンとして出力するかを選べることがあります．このオプションは，境界線の削除と呼ばれることがあります（図8.2）．図8.2（上）は，境界線を削除しない場合で，どの母点に近い領域なのかを区別することもできますし，バッファが重なる領域を求めれば近くに複数の母点があるアクセス性の高い場所を抽出することもできます．図8.2（下）は，境界線を削除する場合で，一定距離内に母点があるかどうかのみを判定したいときに便利です．このように，バッファ同士が重なる場合の処理は，どのような目的でバッファを分析に用いるかを考慮しながら適切に選ぶことが重要です．

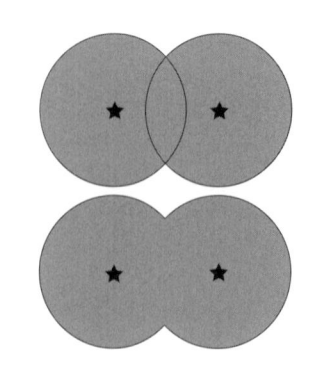

図8.2　重なるバッファと境界線の削除
上が「削除しない」例，下が「削除する」例．

8.1.4 地物属性値を用いたバッファ半径の設定

これまでに紹介してきたバッファは，すべての母点から同一の半径を用いて生成してきていました．しかし，母点であるポイントデータに数値型の属性が入っていれば，その属性に応じて母点ごとに異なる半径でバッファを生成することもできます．例えばコンビニエンスストアならば床面積や取扱商品数，鉄道駅ならば停車本数など，その母点の魅力度や集客度を表すと考えられる指標が属性として含まれていれば，店舗ごとや駅ごとに異なる誘致圏を設定した分析が可能となります．

8.2 地物間の距離計算

8.2.1 地物間の距離計算と投影座標系

GISでは，正しく座標が定義され，かつ投影法が設定されていれば，任意の2つの地物の間の距離を計算することもできます．距離計算を可能とするためには，緯度経度などの地理座標系ではなく，投影座標系（第6章参照）を使用するように設定しておく必要があります．

GISソフトに距離行列を求める機能が備わっていれば，分析対象のレイヤーに含まれるすべての2つのポイント間の距離を網羅的に計算し，一覧できるように出力されます．1つずつ計算する必要がないため，効率良く分析を行うことができます．

入力となる1つの地物から，他のレイヤーに含まれるすべての地物までの距離を一括して計算することができるGISソフトもあるため，分析対象の地物が多い場合にはこの機能を使うと効率的な分析が可能となります．例えば避難所からそれぞれの家屋までの距離を一括して計算することができます．

8.2.2 ラインやポリゴンまでの距離

ポイント地物間の距離ならば，両者の座標値を用いて三平方の定理により計算できますが，計算対象の一方がポイントではなくラインやポリゴンの場合は，地物の重心までの距離，ラインまたは

ポリゴン外周のうち最寄りとなる地点までの距離など，計算のアルゴリズムが複数想定できるため，GIS ソフトを利用して計算する際は，当該ソフトのアルゴリズムを確認しなければいけません．なお，距離の計算対象がポリゴンであり，かつ外周のうち最寄りの地点までの距離を計算する場合であっても，基点となるポイントがポリゴンに内包される場合は，距離がゼロであると定義される場合もあります．この点も分析に使用する GIS ソフトのマニュアルなどで，計算方法を確認した上で利用する必要があります．

8.3　ボロノイ図と最寄り検索

8.3.1 ボロノイ多角形の概念

次に，あるレイヤーに含まれる複数の地物を基点として，与えられた領域を「各地物を最寄りとする領域」に分割してみましょう．例えば，1 つの自治体の中に複数の避難所があるとします．この自治体のうちどの地域ではどの避難所が最寄りかを特定することは，災害時の避難行動の分析には欠かせません．このようなときに利用されるのが，**ボロノイ分割**です．ボロノイ分割において，先の例での避難所に相当するものを母点，分割の結果として得られる多角形をボロノイ多角形，そしてボロノイ多角形の集まりをボロノイ図といいます（図8.3）．個々のボロノイ多角形に注目すると，1 つの多角形には必ず 1 つの母点が対応し，かつその母点は多角形内に含まれています．この

多角形で覆われた範囲内が，この母点を最寄りとする領域に一致しています．

ここでは 2 次元平面を想定した説明を行いましたが，ボロノイ分割は n 次元空間に存在する点に対して適用されうる概念です．これに対して 2 次元平面に分布する点に対して適用されるものを特に**ティーセン分割**，ティーセン多角形と呼ぶこともあります．GIS ソフトによっては，ボロノイ図の作成といったメニューが存在せず，ティーセン多角形あるいはティーセンポリゴンの作成と表記されている場合があります．結果としては，ここで説明しているボロノイ分割が得られます．

8.3.2 ボロノイ多角形の導出と解釈

ボロノイ多角形は，どのように計算して得られるのでしょうか？　単純なケースとして，2 つしか母点がない平面空間を考えてみましょう．このとき空間を 2 つの母点それぞれを最寄りとする領域で分割するのは，2 つの母点を結ぶ線分の垂直二等分線です（図8.4）．この垂直二等分線上のすべての点では，常に 2 つの母点からの距離が等しくなっており，この線を少しでも外れると，そちら側の母点が最寄りとなっています．母点が 3 つになったときは，母点 2 つを選ぶ 3 つの組み合わせについて各々の垂直二等分線を描き，それらをつなぎあわせた Y 字型の空間分割がボロノイ分割になります．母点の数が増えていってもこの基本は変わらず，母点同士の垂直二等分線をつないでいったものがボロノイ分割です．

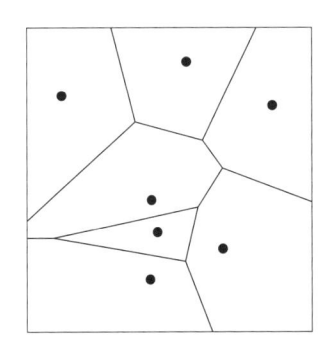

図8.3　ボロノイ図のイメージ

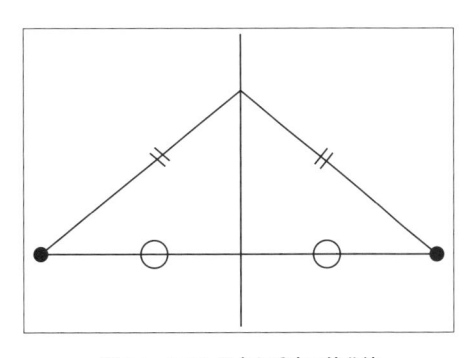

図8.4　2 つの母点と垂直二等分線

44

ボロノイ分割は，分析対象地域内にその機能が概ね同質であると想定できる施設が複数立地するとき，いわばその縄張りを求めることに利用できます．機能が同質であるとは，避難所やコンビニなど，複数の施設が利用できるときに最寄りのものを利用する傾向が強いものを指します．このとき，あるボロノイ多角形の中に住んでいる人は，最寄りの施設としてそのボロノイ多角形の母点を利用すると考えられるでしょう．

仮に施設間で機能に差異がある場合，例えば鉄道駅で停車本数が駅ごとに大きく異なる場合や複数路線が利用できる駅がある場合などは，必ずしも最寄りの駅に行くのではなく，多少遠くても利便性の高い駅へ行くことが想定されるでしょう．このように母点の機能に同質性が想定されないときは，必ずしもボロノイ多角形がその施設を利用する人を集客できる範囲を適切に表さないことに注意する必要があります．

また，ボロノイ分割は理論的には無限に広がる空間に対して適用できますが，このように計算したボロノイ多角形の場合，そのボロノイ多角形の中に住む人がすべて母点の施設を利用すると考えて良いでしょうか？　無限に遠い地域に住む人は，そもそも現在議論している地域にある施設を利用しないと考えられます．この場合，例えば当該市町村の範囲内に分析対象を限定するなどの工夫が求められます．しかし，この方法も常に適切であるとは限らず，例えば鉄道駅の場合，最寄り駅が隣の市町村にあることも考えられるでしょう．このように分析対象の範囲をどのように設定するかは，このボロノイ分割を用いた分析も含めて常に意識することが重要です．

8.3.3 最寄り地物までの距離

これまでに紹介した地物間の距離計算と最寄り判定を組み合わせた処理も可能です．すなわち，検索の基点となる複数のポイントから，各々にとって最寄りとなる別のレイヤーのポイントを検索し，そこまでの距離を一括して計算することができます．例えば顧客の居住地と営業所の立地をそれぞれポイントデータとして生成し，各顧客から見て最寄りとなる営業所を割り出すことができます．さらに距離が計算できるため，最寄りの営業所までの距離が長い顧客がある地域に集中して存在する場合，営業所を追加配置する立地計画の参考とすることができます．それぞれの立地を地図にプロットして確認することもできますが，このように GIS を用いた空間演算を組み合わせることで，定量的な議論が可能となります．

分析者がボロノイ図を明示的に生成しなくても，あるレイヤーのポイントデータから，他のレイヤーのポイントデータのうち最寄りのものを自動的に計算して，その距離を求めることができる機能を持っている GIS ソフトもあります．

8.4 近接関係とドロネー三角形分割

8.4.1 ドロネー三角形分割の概要

市区町村のように平面を埋め尽くしているポリゴンであれば，地物同士の隣接関係は，辺を共有するかなど比較的わかりやすい幾何学的な特性によって定義することができます．では，ポイントデータの場合はどうでしょうか？

コンビニエンスストアの商圏分析を考えてみましょう．近隣の競合店との関係性を見ることが重要だと考えられます．この場合，分析対象の店舗から見て近隣の店舗というのはどのように定義できるでしょうか？　先に紹介したバッファを使って，分析対象の店舗から一定距離内にある店舗に絞り込むことはできるでしょう．しかし都心部と郊外部とでは，コンビニの立地する密度がそもそも異なり，コンビニを利用するために許容されるアクセス距離が異なる可能性があります．都心部を前提としたバッファ半径を郊外部にも適用するとまったく近隣店舗がないと判定されるケースが多く発生するでしょう．対して郊外部に適した

バッファ半径を都心部にも適用すると多数の店舗が近隣店舗として挙がってしまいます．ポイントデータの近隣という概念をバッファで定義しようとすると，ポイントの密度に強く影響を受けてしまうことがわかります．このようなときの 1 つの方法が**ドロネー三角形分割**を用いる方法です．

　平面上に複数のポイントがあるとき，2 つのポイント間を結ぶ線分を，互いに交わるものが発生しないように追加していき，もう追加できない状態になったものを三角形分割といいますが，このうち生成された三角形の内角のうち最小のものがなるべく大きくなる，つまり，生成された三角形がなるべく正三角形に近づくように生成されたものをドロネー三角形分割といいます．図 8.5 にドロネー三角形分割の例を示します．細線で構成されているのがドロネー三角形分割で，これに新しく 2 つの点を結ぶ太線のような線分を加えようとすると既存の線分と交わってしまうことがわかります．他の 2 点の組み合わせを選んでも，すでに線分が引かれているか，既存の線分と交わる線分になってしまうかのいずれかです．つまり，これ以上，2 つの点を結び，既存の線分と交わらないような線分は追加できません．

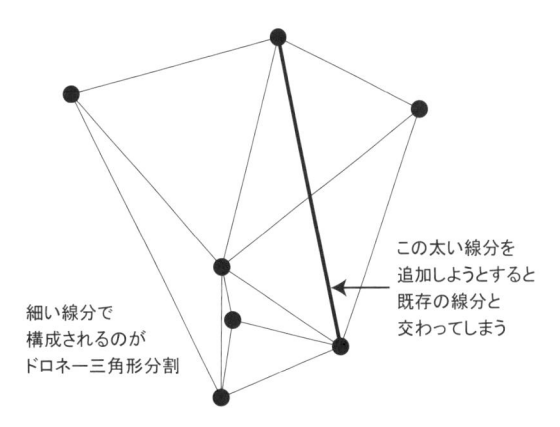

この太い線分を
追加しようとすると
既存の線分と
交わってしまう

細い線分で
構成されるのが
ドロネー三角形分割

図 8.5　ドロネー三角形分割の生成

8.4.2 ドロネー三角形分割とボロノイ分割

　このとき，同じポイントから生成したボロノイ多角形が隣接するもの同士を線分でつないだものが，ドロネー三角形分割と同じになっています．ボロノイ多角形が隣接するということは，お互いの最寄り領域が隣接しているということなので，近隣という私たちが求めたいイメージに合致します．

　図 8.6 にその例を示します．細線がボロノイ分割，二重線がドロネー三角形分割です．後者で繋がっているポイントを隣接関係にあると解釈することができます．図 8.6 の英字に着目すると，多くのケースでボロノイ分割の線とドロネー三角形分割の線が直交しています．これらのケースは，例えば A や B のように両者が直交する地点の近

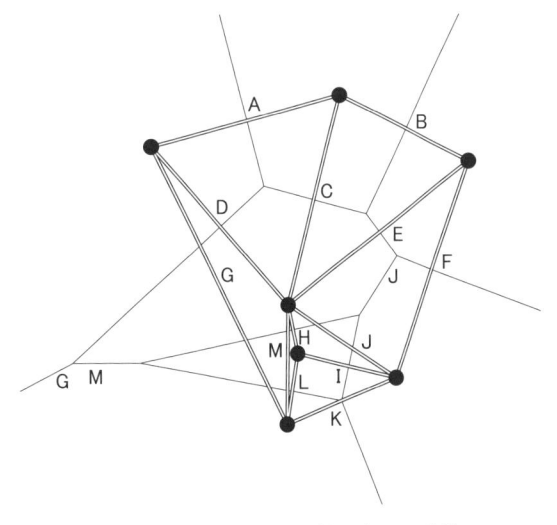

図 8.6　ドロネー三角形分割とボロノイ分割

くに英字を配置しています．一方，GとJとM
は図 8.6 に 2 つずつ出てきます．それぞれ対応す
るボロノイ分割の線とドロネー三角形分割の線に
同じ英字を割り当てています．例えば G で示し
た細線つまりボロノイ分割の線を図の右側に延長
してみてください．図 8.7 ではこの延長した線を
太線矢印で補ってみています．こうすることで，
ボロノイ分割の G の線が，二重線で表されるド
ロネー三角形分割の G の線と直交することがわ
かります．同様に J と M もボロノイ分割の線を
延長すれば，ドロネー三角形分割の線と直交する
のです．このことから，ドロネー三角形分割の線
とボロノイ図の線が必ず 1 対 1 で対応しているこ
とがわかります．

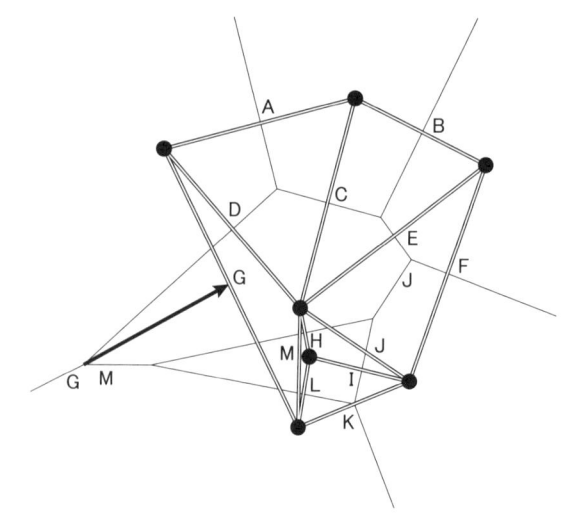

図 8.7　ドロネー三角形分割とボロノイ分割の G 線が直交

💡 課題

・大きなターミナル駅のように複数の路線が
乗り入れる駅の場合，GIS のデータでは複
数のポイントで表現されている可能性があ
ります．このときこのターミナル駅を最寄
りとする領域は，どのように求めたら良い
でしょうか．

・図 8.5 のドロネー三角形分割は，関東地方
1 都 6 県の都県庁所在地をもとに生成した
ものです．元の都県を表すポリゴンの隣接
関係を調べ，このドロネー三角形分割で定
義した隣接関係と異なる結果になるケース
を見つけましょう．

Memo ✏

<table>
<tr><td></td><td>属性1</td><td>属性2</td><td>属性3</td><td>…</td><td>属性M</td></tr>
</table>

	属性1	属性2	属性3	…	属性M
地域1					
地域2					
地域3					
地域4					
…					
地域N					

図 9.1　地理行列

第 9 章　GISデータの統計分析

本章のポイント

◆ 地理空間データの統計分析の基礎となる地理行列や多変量解析の手法を理解しよう.
◆ 点分布パターンや空間的自己相関などの地理空間データ特性を反映した統計手法を理解しよう.

9.1　さまざまな統計的手法

9.1.1 統計分析の意義

　地図による可視化は地理的分布やパターンを把握するうえで非常に有用です. しかし, 地理空間データは多次元であることが多く, 地図化したものを目視で読み取るだけでは複数の変数間の相互作用や因果関係の解析が難しい場合があります. また表示する空間スケールには限界があるため, 微妙な地理的な差異を見落とす可能性もあります. 統計的手法を用いることにより, これらの複雑な関係性を定量的に分析することができます. さらに地理空間データの分析では, 観察されたパターンが偶然によるものかどうかを評価することも重要です. 統計的手法を用いることで**仮説検定**（統計的検定）も行うことができます. 仮説検定では, 特定の仮説が実際に得られたデータによって支持されるかどうかを判断します.

9.1.2 地理行列と多変量解析

　地理行列は, 地理空間データの分析において重要な概念で, 代表的な地理行列として, 行に地域, 列に属性を表示した属性行列があります（図9.1）. 各行は, 都市や地区, 座標点など特定の地理的単位を表します. 各列はその地理的単位に関連する特定の属性を示します. これには人口, 面積, 気候条件, 交通量など, 多岐にわたる変数が含まれることがあります.

　多変量解析は, 地理行列を利用して複数の変数間の関係を同時に分析する統計手法です. 変数間の関連の把握, 複数の変数からの主要情報の抽出, 複数の変数を用いた予測モデルの構築などにより, データの構造をより深く理解することが可能になります. 代表的な手法として, 特定の変数に対して他の変数がどのように影響しているかをモデル化する**回帰分析**, 相関のある多数の変数を含むデータの次元を減少させる主成分分析, 観測データの背後にある潜在的な因子を抽出する因子分析, データを特性の類似性に基づいてグループに分ける**クラスター分析**などが挙げられます. 以下では, 回帰分析とクラスター分析を取り上げます.

9.1.3 回帰分析

　はじめに, 2つ以上の変数間の関係性を評価するための手法である**相関**分析について簡単におさらいします. 2つの量的変数のデータをプロットした散布図上で, データが左下から右上へと一直線に近い形で配置されている場合, 正の相関が強いことを示し, 逆の場合は負の相関が強いことを

48

示します（図9.2）．変数間の関係の強さを定量的に表す統計的指標としてはピアソン（Pearson）の相関係数があり，−1に近いほど負の相関，1に近いほど正の相関が強いことを示します．

図9.3は，具体例として全国の市区町村別の出生率（2018〜2022年）と人口1万人当たり保育所数（2022年）との関係を散布図で表したものです．両者の相関係数は0.44であり，中程度の正の相関があると判断できます．

ただし，相関関係は必ずしも因果関係を意味するわけではありません．相関関係があっても，どちらが原因で，どちらが結果なのかを特定することは困難です．上記の例では，保育所が多く子育て環境が良いため出生率が高いのか，逆に出生率が高いため保育所の整備が進んで多いのかは判断できません．また2つの変数の間に直接的な関係がないにも関わらず，偶然または何か別の変数の影響で相関しているように見えることもあり，疑似相関と呼ばれることもあります．

回帰分析は，変数間の関係をより詳しく探る手法です．因果関係を想定して，結果となる1つの被説明変数と，原因となる1つ以上の説明変数との間の関係をモデル化します（被説明変数は目的変数や従属変数，説明変数は予測変数や独立変

数とも呼ばれます）．説明変数が1つの場合は単回帰分析と呼ばれ，例えば，ある地域の標高とその地域の平均気温との関係を調べる場合，標高が上がるにつれて，気温がどう変化するかをモデル化できます．原因Xが変化するのに伴い，結果Yも単調に変化する線形関係は散布図上に直線としてプロットされ（図9.4），次の式が成立します．

$$Y=b+aX+e$$

ここで，Yは被説明変数（例：気温），Xは説明変数（例：標高），aとbは係数，eは誤差を表します．散布図においては，グラフ上の直線（回帰直線）の切片がb，傾きがaに該当します．

重回帰分析では，複数の説明変数を用いて被説明変数のばらつきを説明します．例えば市区町村間の出生率の違いを説明するために，ここでは要因として世帯当たり人員，大卒以上人口割合，人口1万人当たり保育所数を想定します．表9.1は出生率を被説明変数とした重回帰分析の結果ですが，すべての変数は統計的に有意であり，世帯当たり人員や人口1万人当たり保育所数が多い市区町村ほど出生率が高く，大卒以上人口割合が高い

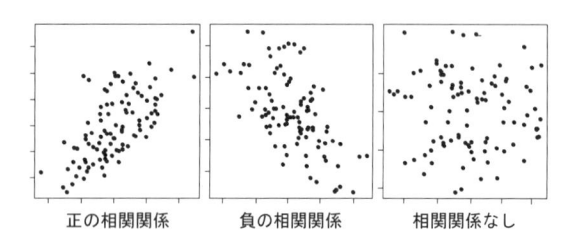

図9.2　散布図と相関係数

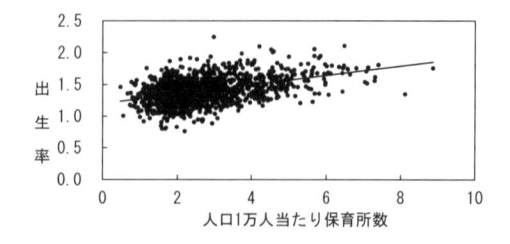

図9.3　市区町村別の出生率と保育所数との相関
出典：人口動態統計特殊報告，社会福祉施設等調査のデータをもとに作成．

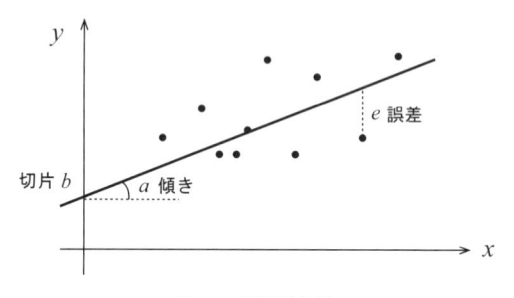

図9.4　単回帰分析

表9.1　重回帰分析の結果

	回帰係数	標準誤差	t値
切片	0.93	0.06	15.57
世帯当たり人員	0.13	0.02	6.44
大卒以上人口割合	-0.12	0.06	-2.00
人口1万人当たり保育所数	0.07	0.00	15.42
観測数	1384		
自由度調整済み決定係数	0.24		

※人口1万人以上の市区町村を対象に分析．

市区町村ほど出生率が低いことがわかります．この結果から得られた回帰係数に基づいて，市区町村別の出生率は以下の式で表すことができます．

$$出生率 = 0.93 + 0.13 \times 世帯当たり人員 - 0.12$$
$$\times 大卒以上人口割合 + 0.07 \times 人口 1 万$$
$$人当たり保育所数$$

ただし重回帰分析では，人口と世帯数との関係のように，説明変数間で大きな相関が認められる場合，多重共線性があるといい，推定結果が不安定になることがあります．また回帰分析には前提となる仮定がありますが，地理空間データを扱う場合にはそれが満たされないことで，結果に偏りが生じることもあります．例えば誤差 e は互いに独立，つまりある地点での誤差が他の地点での誤差に影響を与えないことが前提となっていますが，実際には誤差の分布には空間的自己相関（9.4参照）がみられる場合があります．さらに，通常の回帰分析では回帰係数は地域によらず一定であることが前提ですが，実際には地理的に異なることもあり，そのような場合にはデータの空間的な関係性を考慮する必要があります．空間計量経済学の分野では，このような問題に対応するための空間回帰モデルの開発も進んでいます．

9.1.4 クラスター分析

クラスター分析は，地理空間データのパターンや構造を理解するために，似た特徴を持つデータをグループ化するための手法です．気候や植生，人口などの地理的な特性に基づいて地域を複数のクラスター（地域類型）に分けることができます．他の分析手法と組み合わせて使用されることもあり，例えば多くの変数を持つ地理空間データに対して，主成分分析や因子分析によりデータの次元を削減した後，得られた主成分や因子スコアを用いてクラスター分析を行うことで，より効果的にデータのグループ化を行うことが可能です．

クラスター分析の主な手法には，階層クラス

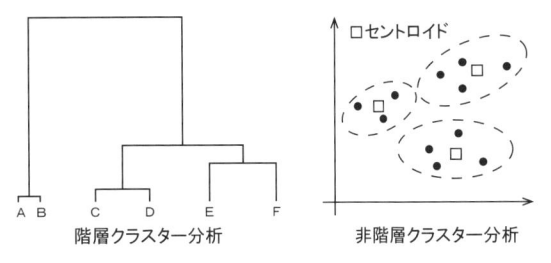

図 9.5　クラスター分析のイメージ

ター分析と非階層クラスター分析があります（図9.5）．階層クラスター分析は，データ間の類似性に基づいて，徐々にグループを形成していく手法です．この手法では，類似性を定義するための距離尺度やクラスターの結合方法を指定する必要があり，結果はデンドログラム（樹形図）と呼ばれるツリー構造の図で表されるため，それに基づいてクラスター数を決めます．一方，非階層クラスター分析は，データをあらかじめ指定された数のクラスターに分割する手法です．代表的な手法としては k-means 法などがあり，各クラスターの中心（セントロイド）を計算し，各データを最も近いセントロイドに割り当てます．どちらの手法を使用するかは，解析するデータの特性や目的によって決める必要があります．

クラスター分析の応用事例の 1 つとしては，**ジオデモグラフィクスデータ**の構築があります．これは，多様な人口統計的特性や地理的要素を組み合わせて，類似の特徴を持つ地域や人口集団を同じグループに分類したものです．地域ごとの特性を詳細に理解し，公共政策やマーケティング等において，対象地域に合わせた戦略を策定するために広く使用されています．

9.2 空間分析における集計単位とスケール問題

9.2.1 統計地区

統計調査データは，多くの場合，集計データとして分析されます．国勢調査の場合，基本単位区，町丁字，市区町村，都道府県，国といったように，

いくつかの階層性のある統計地区で集計されます．また緯度経度に基づいて地域を 1 km や 500 m 四方の網の目の区域（**地域メッシュ**）に分けて，それぞれの区域に関する統計データも編成されています．地域メッシュは，行政区域の境域変更や地形の変化などの影響を受けることが少ないため，時系列的比較に利点があります．ただし，地域ごとに集計されたデータの有効性は，使用する集計単位やスケールに大きく依存します．以下では，その際に特に課題になる**可変単位地区問題**と**生態学的誤謬**と呼ばれる問題について説明します．

9.2.2 可変単位地区問題

可変単位地区問題は，地理空間データを集計する際に使用する地区の大きさや数によって分析結果が変わる問題で，スケール効果とゾーニング効果の 2 つの面があります．スケール効果は，データを集計する際の空間単位の大きさが異なると，結果が変わる可能性があることです．同じ点の分布のデータに対しても，図 9.6 のように，集計の空間単位が大きいと小さな地域差が見逃されて地域間の差が表れにくく，逆に小さいと地域の局所的な特異性が強調されてしまうことがあります．

一方，ゾーニング効果は，同じ大きさの空間単位でも集計する地区の形状や区切り方が異なると，結果が変わる可能性があることです．図 9.6 の例では，同じ大きさの 4 区分でも点の集中地区が集計方法によって異なっているように見えます．データの解釈にも影響を与える可変単位地区問題に対応するためには，複数のスケールや区分けで分析を行い，結果を比較検討することが重要です．

9.2.3 生態学的誤謬

一般的に生態学的誤謬は，集団レベルのデータから個人レベルの結論を導こうとする際に発生する誤りです．図 9.3 では，全国規模でみると 2 つの変数に正の相関関係が見られましたが，このうち東京都だけをみると負の相関関係がみられ（図 9.7），

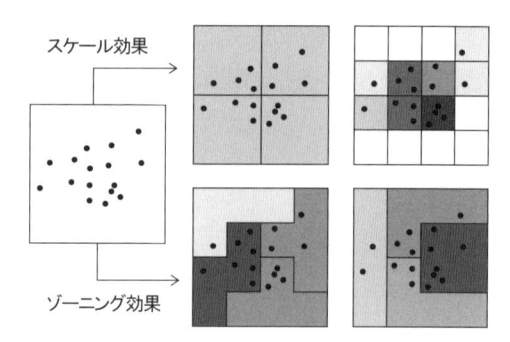

図 9.6　可変単位地区問題

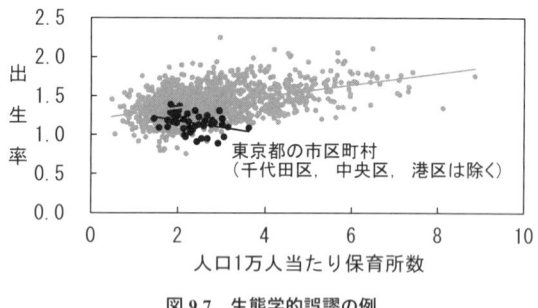

図 9.7　生態学的誤謬の例

集計スケールによっては誤った相関や因果関係を推測してしまう可能性があります．対策としては，複数の階層データを同時にモデル化できるマルチレベルモデリングの使用や，ミクロレベルのデータの収集・分析などが提案されています．

9.3　点分布パターン分析

9.3.1 さまざまな点分布のパターン

病気や犯罪の発生地点，野生動物の目撃情報など，多くの地理空間データは地図上の特定のポイントとして表現される**点分布**データとなります．点分布データは，集中（凝集），ランダム，分散の主に 3 つのパターンに分類されます（図 9.8）．

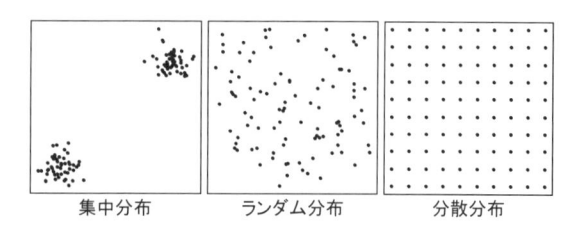

図 9.8　点分布のパターン

集中パターンは，点が特定の地域に密集している状態を示し，疾病や犯罪発生の集積として現れることがあります．ランダムパターンは，点が規則性なく配置されている状態を指します．分散パターンは，点が広範囲にわたって均等に散らばっている状態で，特定の要因による回避行動や均等な資源分布を反映して現れることがあります．

　統計的手法を用いることにより，観測されたパターンを客観的に評価できます．以下では点分布のパターンを検証する代表的な手法である区画法，平均最近隣距離法，K 関数法について紹介します．

9.3.2 点分布のパターンの分析手法

　区画法（格子法）は，地図上の特定の範囲を小さな区画に分割し，各区画内の事象の発生数をカウントする手法です（図 9.9）．点分布が集中しているほど，各区画のカウント数は大きくばらつくため，そのカウント数のばらつきが大きければ集中，小さければ分散の傾向があると判断することができます．この手法は特に大規模なデータに適していますが，可変単位地区問題として示したように，区画のサイズや形状が結果に影響を与えるため，適切な格子の設定が必要になります．

　平均最近隣距離法は，各点 i から最も近い他の点までの距離 d_i の平均を計算する方法です（図 9.10）．点分布が集中しているほど値の小さな d_i が多くな

りやすいため，平均距離がランダム分布の時よりも短い場合は集中，長い場合は分散の傾向を表します．この手法は特に小規模なデータや明確な空間パターンが期待される状況に適していますが，サンプルサイズの影響を受けやすく，それによって結果が偏る可能性があるため注意が必要です．

　K 関数法は，任意の点から特定の距離 h 以内に他の点が存在する数を測定する手法です（図 9.11）．点分布が集中傾向にあるほど，距離 h 内の点の数は多くなります．各点について，距離 h 内に含まれる点の数に基づいて K 関数 $K(h)$ を計算し，点分布が完全にランダムな場合の期待値と比較します．$K(h)$ がこの期待値に近ければランダムであると解釈でき，この期待値よりも大きい場合は集中，小さい場合は分散の傾向にあることを示します．距離 h に応じてスケールごとに評価ができる点に特長がある手法です．

　いずれの手法でも「点分布がランダムである」という帰無仮説に対する検定を行うことで，データの分布がランダムか否かを統計的に結論づけることができます．区画法の場合は，各区画内の点の数が一定の確率分布に従うかどうかを検定します．また平均最近隣距離法の場合，実際に得られた平均最近隣距離と，点がランダム分布の時の平均最近隣距離の確率分布を用いて検定を行います．K 関数法の場合は，まずシミュレーションによりランダムな点分布を発生させて K 関数を計算することを繰り返します．そして実際のデータから得られる K 関数の値が，シミュレーションで得られた値の多くがとる範囲内に収まらなければ，ランダムとは異なる何らかの構造があると判断します．

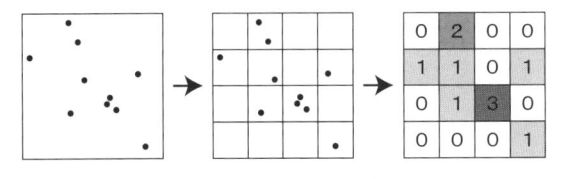

図 9.9　区画法（格子法）

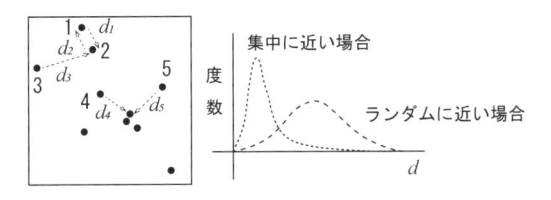

図 9.10　平均最近隣距離法

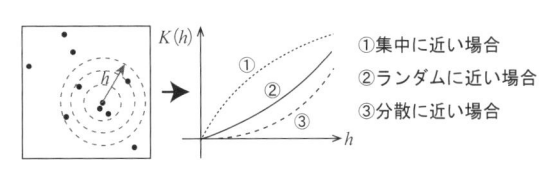

図 9.11　K 関数法

52

9.4 空間的自己相関

9.4.1 空間データの特性

　点パターン分析は，属性が同質な点分布を想定していますが，その属性の関係性についても関心がある場合があります．多くの地理空間データは「地理的に近い場所にあるもの同士は，地理的に遠い場所よりも類似した特性を持ちやすい」という**空間依存性（従属性）**と呼ばれる性質をもっています．地理空間データの測定値が，地理的位置に基づいてどの程度関連しているかを示す統計的特性を空間的自己相関といい，地理的に近い場所のデータ値は互いに似ている（正の自己相関）または異なる（負の自己相関）傾向があります（図9.12）．例えば土地利用パターンは，土地の価格や地形，政策などによって決定されるため，地理的に集積しやすく，正の空間相関が見られます．一方，生態系においては，似たような生物種が同じ地域に密集すると競争が激しくなり，一方が他方を排除する結果，生物分布に負の空間相関が生じることがあります．

　空間的自己相関を調べることは，地理空間データの中に隠れたパターンや構造を発見することにもつながるため，探索的空間データ解析にも用いられます（第22章参照）．また回帰分析等の従来の統計的手法では，空間的自己相関を考慮することで統計モデルの改善につながることもあります．

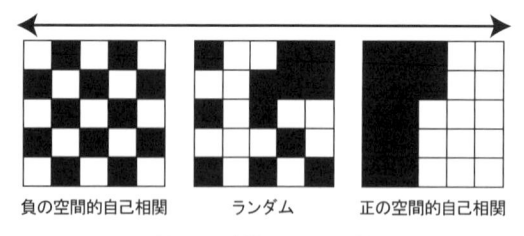

負の空間的自己相関　　ランダム　　正の空間的自己相関

図 9.12　空間パターンの例

9.4.2 空間的自己相関の測定

　データの全体的な空間的自己相関を測定するためには，周辺地域の値と自地域の値がどの程度似ているかに着目します．図9.13は，東京都区部の高齢化率の分布ですが，北部から北東部に値が高い区，中央部に値が低い区が集積しています．

　もし，それぞれの区の高齢化率と，周辺の区の高齢化率が同じような値であれば，正の空間的自己相関があるといえます．それを確かめるため，図9.13に示す散布図は，横軸に各区の高齢化率，縦軸に隣接する区の高齢化率の平均値を取ったもので，モラン散布図と呼ばれます．ここでは，「周辺」として区の境界が接する隣接する区を選びましたが，他の方法で近接関係を定義することも可能で，ドロネー三角網のような幾何学的構造に基づいて決める方法もあります（第8章参照）．

　散布図は，右上がりの直線に近いほど周辺地域の値と自地域の値が類似していることを示すため，東京都区部の高齢化率の分布には，正の空間的自己相関が確認できました．なお，この回帰直線の傾き（ここでは0.38）は，空間的自己相関の程度を示すモラン I 統計量（Moran's I）に相当します．具体的なモラン I 統計量の算出方法は中谷（2003）や瀬谷・堤（2014）に譲りますが，-1（完全な負の自己相関）から $+1$（完全な正の自己相関）までの値を取り，0に近い場合はランダムな分布（自己相関なし）を表します．

　これまでも示したように，データの中で観測されたパターンが実際に意味を持つものであるかを評価するには，統計的検定が有効です．空間的自己相関の有無に関する仮説検定では，「データの空間的分布がランダムである」という帰無仮説のもとで，観察データから得られたモラン I 統計量の値を計算し，それがランダムな状態で期待される値の範囲内にあるかどうかを調べます．期待値から離れる度合いが大きいほど帰無仮説を棄却する根拠が強くなり，データには有意な空間的自己相関があると結論づけることができます．

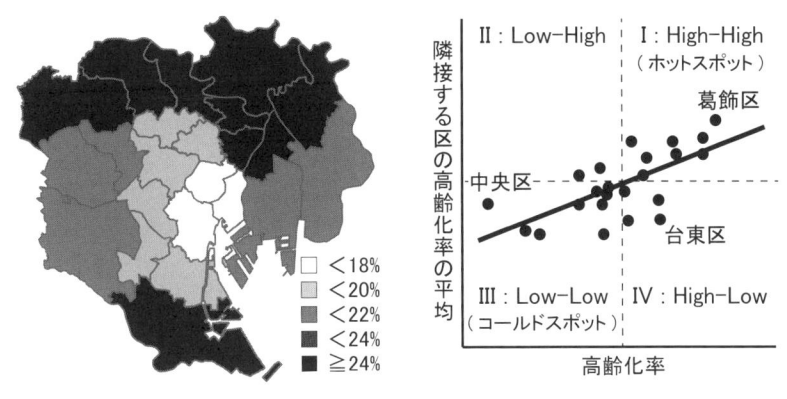

図 9.13　東京都区部における高齢化率の空間分布とモラン散布図
出典：令和 2 年国勢調査のデータをもとに作成.

9.4.3 局所的な空間的自己相関の測定

　仮に地域内に空間的自己相関があると判断できた場合，どこにその集積があるのかに関心が移ります．モラン散布図には 4 つの象限があり（図 9.13），第 I 象限に含まれる地域は，高値が高値の周辺地域とともに集積している地域（High-High）を示していることから**ホットスポット**として定義されます．一方，第 III 象限に含まれる地域は，低値の地域が集積するコールドスポットと呼ばれます．モラン I 統計量を地域ごとに分解したローカルモラン I 統計量は，このような局所的な集積性のパターンをより詳細に理解するのに役立ちます．ローカルモラン I 統計量も，Moran's I と同様の統計的検定により，各地域における空間的自己相関の有無を評価できます．ローカルモラン I 統計量が有意に正となる場合は，その地域が高値または低値の空間的クラスターの一部であることを示します．逆に，有意に負となる地域は，高値と低値が空間的に隣接する異質なパターン（外れ値）を示し，いずれも全体の傾向と異なる局所的なパターンを発見することが可能です．先の例において，ローカルモラン I 統計量が統計的に有意（5% 水準）である区について，図 9.13 のモラン散布図の 4 つの象限に基づく地区分類を示すと，図 9.14 のように地図上で表現できます．

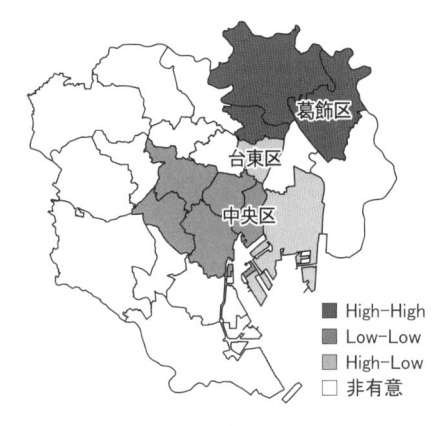

図 9.14　モラン散布図による地域分類
出典：令和 2 年国勢調査のデータをもとに作成.

> 💡 **課題**
> ・政府統計の総合窓口（e-Stat）から地理行列を含む任意の統計データをダウンロードし，どのような地域変数を用いた多変量解析ができるか考えてみましょう.
> ・空間的自己相関を示しそうな現象として何が挙げられるか，その理由とともに考えてみましょう.

【参考文献】

瀬谷 創・堤 盛人 2014.『空間統計学 - 自然科学から人文・社会科学まで』朝倉書店.

中谷友樹 2003. 空間的共変動分析. 杉浦芳夫編『地理空間分析』23-47. 朝倉書店.

第10章 ラスターデータの解析①

本章のポイント

◆ ラスターデータの仕組みを理解しよう.

◆ 数値標高モデル（DEM）で示される地形データの処理方法を理解しよう.

10.1 ラスターデータの概要

ラスターデータは，格子状に並んだセルの1つ1つに値を持たせる構造のデータです．標高や気温，地価など，どの地点でも値が存在する対象を扱う際に，ラスター形式の空間データが利用されます．また，飛行機から撮影された空中写真の画像データも，格子状に並んだ**セル**にRGB値（色の情報）などが納められたラスターデータです．また，人工衛星に搭載されたセンサでの計測値も，格子状に並んだセルごとに記録されていることから，ラスターデータといえます（第3章，図3.8を参照）．

ラスターデータは，セルの値を行列に並べて，記録されます．データの位置は，データの端の空間座標値とセルの大きさ（メッシュサイズ，**空間**解像度）によって定義されます．セルの大きさは，データ密度に直結するので，セルの大きさが小さければ詳細な（高解像度）データとなり，大きければ粗い（低解像度）データということになります．高解像度のデータであればあるほど，演算処理に負荷や時間がかかるのは，デジタルカメラの写真データと同じです．このため，適当なデータサイズを意識したセルの大きさの選択が重要になります（図10.1）．

例えば，セルにその場所の標高値を納めた**数値標高モデル**（DEM）は，国土地理院により1 km，250 m，50 m，10 m，5 m，1 mの空間解像度で整備されてきました（第7章参照）．1 kmと1 mは，長さでは1,000倍の違いですが，ラスターデータとしての情報量は1,000 × 1,000で100万倍とな

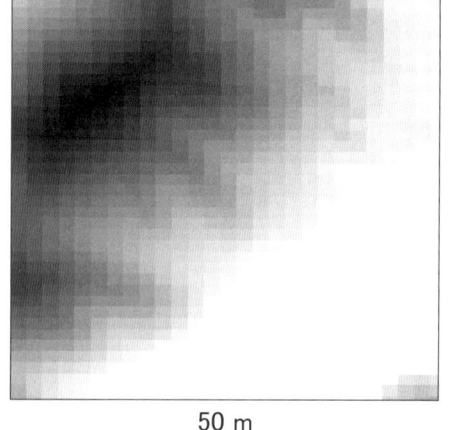

5 m　　　　　　　　　　　50 m

図10.1　セルサイズの違う同じ場所のDEMの比較

出典：5 mは基盤地図情報標高データ，50 mは数値地図50 mメッシュ（標高）のデータをもとに作成.

るため，分析を行う範囲に応じた適切な空間解像度を選ぶ必要があります．かつては，高解像度の空間データを扱う際には，コンピューターの演算能力のために限られた範囲での解析に留めなければなりませんでしたが，現在では，広域かつ高解像度の空間データを利用した解析も可能となってきました．

10.2　ラスター演算による分析

同じ地点に存在する複数のラスターデータのセルの値を計算して，新たなラスターデータを作成する手法を**ラスター演算**といいます（第 5 章参照）．このラスター演算を行う際には，それぞれのラスターデータのセルの位置が同一である必要があるので，データの座標系や空間解像度も一致している必要があります．

リモートセンシングデータ（第 19 章参照）からの NDVI の算出もラスター演算になります．**NDVI**（Normalized Difference Vegetation Index：正規化植生指標）は，（近赤外域のバンドの値－可視域赤のバンドの値）÷（近赤外域のバンドの値＋可視域赤のバンドの値）で求められる値です．通常は，1 つの衛星で同時に撮影されたデータを用いるため，座標系や空間解像度といったデータフォーマットが同一のため，特段意識せずとも，演算を行うことができます．

一方で，DEM と気温や，気温とリモートセンシングデータのように異なるラスターデータ間で演算を行おうとする場合，座標系や空間解像度を意識する必要があります．演算の方法は，四則演算や条件式で 0 と 1 の値を求めるなどさまざまなものがあります．

10.3　サーフェス解析

DEM の解析では，対象とするセルとその近傍のセルを含むウィンドウを設定し，演算処理を行うことが多くあります．ウィンドウのサイズは，対象とするセルを中心とする 3 × 3 ＝ 9 セルの範囲が定義されることが多いのですが，5 × 5 や 7 × 7 といったより広い範囲で定義することも可能です．最も単純な操作に平滑化（スムージング）と呼ばれる処理があります．これは，ウィンドウ内のセルの値の平均値を中心のセルの位置に納めるもので，これをウィンドウの位置を 1 つずつずらして行っていきます（図 10.2）．この処理は，移動平均をとることになり，元のデータよりも，値の変化を滑らかにします．DEM から等高線を描写させる際には，微細すぎる値の変化を除去するために，適度な平滑化を行ったほうが，滑らかな等高線を得ることができます．これは，気候値や地価などのさまざまなラスターデータから等値線を描く場合にも共通します．ウィンドウを用いた処理は，傾斜や斜面方位を用いる場合にも利用されます．

図 10.2　ウィンドウを用いた解析
左上のラスターデータの灰色のセルを中心とする 3 × 3 のウィンドウで解析した事例．

359.998

0

図 10.3　サーフェス解析により抽出した斜面方位（度）
出典：基盤地図情報標高データをもとに作成．範囲は図10.5と同様．

DEM から傾斜を求める場合は，ウィンドウ内の X 方向（横方向）の傾斜と Y 方向（縦方向）の傾斜を二乗して合計したものの平方根をウィンドウ中央のセルの傾斜とします．この傾斜が $\tan\theta$ の値となるような，θ を求めることで傾斜度に換算することができます（図 10.2）．また，X 方向の傾斜と Y 方向の傾斜の比から斜面方位が求まります．象限に応じて，この比を $\tan\theta$ の値として，θ を求めることで，方位角を求めることができます（図 10.2）．方位角は，0 〜 360 で一巡する値です．この値を統計処理する際には，方位角の cos の値が，南北方向でどれだけ北を向いているのかを表す北向き度（Northness），sin の値が東西方向でどれだけ東を向いているかを表す東向き度（Eastness）の値となることから，こちらの値を用いて解析することなどの対応方法があります．最大傾斜方向とそれを横断する方向や両者を組み合わせた曲率を求めることで，斜面の形状を数値化することも可能です．

このような地表面の起伏を示す DEM を解析する手法をサーフェス解析といいます（図 10.3）．

10.4　陰影と日射量推定

DEM を用いて，設定した太陽の高度角・水平角から地表面が照らされたときに，影ができる部分を求めたのが陰影図です．陰影と DEM そのものの段彩表示と重ね合わせることにより，地表面の起伏を直感的に捉えることができるため，しばしば用いられます．太陽の位置は，GIS ソフトを用いた場合は，高度角・水平角として，任意に設定できます．画面の左上から太陽を照射させたと仮定した陰影が感覚と合致することが多いので，この陰影が利用されることが多いです．このため，通常の北を上にした地図画像の場合，北西から太陽が照らす形となり，現実での影の出方とは異なることになります．

実際の太陽の軌道を想定して，日射量を推計するアルゴリズムも開発されています（赤塚・杉田 2012）．パラメータとしては，DEM で与えられた標高値，傾斜，斜面方位に加えて，雲量，相対湿度，地上気圧，大気混濁係数などの気象データ，土地被覆に応じた地表面の色の情報（アルベド）があるとより正確な値となります．ただし，気象データについては，データの空間精度が劣ること，アルベドについては季節変動を加味するのが難しいことから，実際には地形データと日時と緯度で求めることができる太陽高度によって推定することが多いです．

日射量推定は，その地点の地表面温度の推定や生物（農作物）の成長などの予測などに応用できるほか，近年では，太陽光発電の発電量の予測にも活用が期待されます．

10.5　水系分析

DEM からは，1 本の川だけでなく，そこに流れ込むすべての川を含む，**水系**を分析することもできます．基本となる作業は，水系網の作成になります．あるセルを中心として，近傍のセルの中で最も標高の低いセルに水が流れると推定することができます．これをつなぎ合わせていくことで，水系網を作成することができます．セルからの流下方向は，近傍 8 セルのいずれかを示すこととなる

基礎編

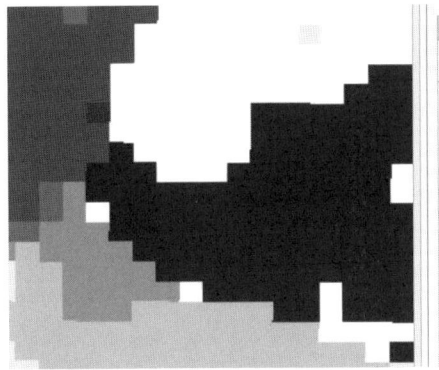

図 10.4　Arc GIS Pro による流下方向の推定

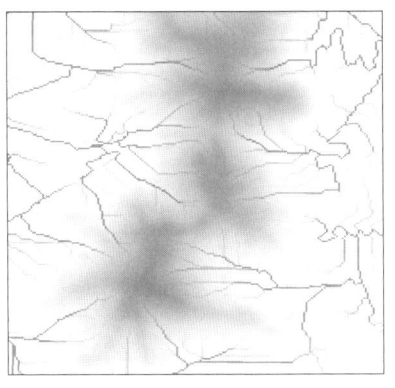

図 10.5　水系解析により抽出した水系網
出典：基盤地図情報標高データをもとに作成.
範囲は図 10.3 と同様.

ので, 10.3 の斜面方位とは異なる値が入れられることになります. 多くは等比数列でカテゴリ数としてセルに格納されることが多いです（図 10.4）.

　ただし, DEM の中には近傍のどのセルよりも標高が低い凹地が含まれていることがあります. この場合, 流下方向が定まらなくなってしまうことから, そのような場合は, 中央のセルの標高を上げて（Fill up）, 流下方向を推定します. 平坦な地形では, この Fill up によって, 流下方向を推定する場面が多くなるために, 図 10.5 の右側に見られるような不自然な幾何学模様を描いてしまうこともあるので, 解析後の解釈の際は留意する必要があります.

　流下方向の推定ができると, 任意のセルからその上流側へと遡って, 流域範囲や流域面積を推定することもできます. DEM に現れる流路の合流過程も把握できることから, その谷（流路）の規模を予測する指標としてホートンが提唱した流路次数（Horton 1945）を計算することもできます.

　尾根や急斜面は乾燥しやすく, 谷や緩斜面は湿りやすいという地形とその土地の湿り具合の関係は定性的に述べられることも多いです. それを, DEM を用いて定量的に示す指標としたのが地形湿潤指数（TWI）です（Wilson and Gallant 2000）. これは, セルごとに水系分析により求められた流域面積を, サーフェス解析で求めた傾斜度の tan で

割った値の自然対数です. 値が大きいほど湿潤な位置にあることを示し, 小さい場所が乾燥しやすい位置にあることを示す指標になります（第 20 章参照）.

　このように, ラスターデータとしてよく使われる DEM を用いて, 地表面の形状を定量的に分析できるようになり, 地形そのものだけでなく, 地形面上に分布するさまざまな事象の分析が進展するようになりました.

> 💡 **課題**
> ・ラスターデータの特長を活かした, 地形や気候などの自然環境のデータの解析手法を説明しましょう.
> ・DEM から地表面の形状を定量化したデータは, どのような空間データと結びつけることで, 地域の特性を示せるでしょうか.

【参考文献】

赤塚 慎・杉田幹夫 2012. GIS ベースの推定モデルに基づく時刻別全天日射量推定手法の開発. 写真測量とリモートセンシング 51：302-309.

Horton, R. E. 1945 Erosional developments of streams and their drainage basins: hydrophysical approach to quantitative morphology. *Geological Society of America Bulletin* 56: 275-370.

Wilson, J. P. and Gallant, J. C. 2000. *Terrain Analysis: Principles and applications*. John Wiley & Sons.

第11章　ラスターデータの解析②

本章のポイント

◆ ラスターデータ分析がどのように人文・社会的データに活用可能であるかを理解しよう．
◆ カーネル密度推定や空間補間の基本原理と，それらの応用例について理解しよう．

11.1　人文・社会的な分析

11.1.1 人文・社会的な事象とラスターデータ

　ラスターデータは GIS の基本的なデータ形式の1つで，地表の現象を格子状に配置されたセルで表現したデータです．特に標高や気温，降水量など自然分野のデータに多く利用されています（第10章参照）．また幅広い分野での活用が進む**衛星画像**や空中写真も，ラスターデータ形式で提供されています．しかしラスター形式は，人口や土地利用，犯罪発生や感染症発症の分布など人文・社会的データでも用いられることが多くなっています．

　解析の目的に応じてベクターデータからラスターデータへの変換が必要になる場合もあります．例えば，11.1.2 の例のように衛星画像などから得られるラスター形式のデータと，それ以外のベクター形式のデータを組み合わせて解析する場合，両方のデータタイプを同じ形式に統一する必要があります．また，11.1.3 で紹介するコストパス解析など一部の空間解析やモデリング手法は，ラスターデータを前提としています．さらに大規模なデータセットを扱う場合にも，計算処理を効率化するためにベクターデータをラスターデータに変換することもあります．

11.1.2 分析例①：ラスターオーバーレイ解析

　ラスターオーバーレイ解析は，複数のラスターデータセットを重ね合わせて1つのデータセット

に統合し，新たなデータを生成する**オーバーレイ解析**手法です．この分析は，特に**適地選定**（適切な場所を選ぶプロセス）などの複数の要因を考慮した地理的な意思決定において有効になります（佐土原編 2014）．そこではまず，適地選定に影響を与える可能性のある地理空間データを収集してラスターデータに変換し，重ね合わせが可能になるようにすべてのラスターデータを同じ空間解像度と範囲に調整します．次に各レイヤーのセルにおいては，立地適性によって属性値をランク付けします．最終的に，各ラスターレイヤーのランクに重み付けを行って合計し，適地選定における総合的な適正度を評価します．

　図 11.1 に示すのは，商業施設の新規立地における適地選定の例です．この例では元になる地理

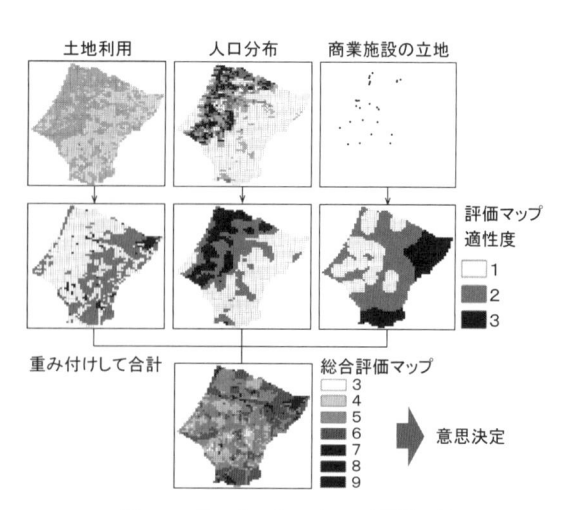

図11.1　ラスターオーバーレイ解析の例

空間データとして，立地に必要な用地の状況を示す土地利用，潜在的な顧客需要を示す人口分布，競合を示す既存の商業施設の立地に関するデータが用意されます．次にそれぞれのレイヤーについて，衛星画像から得られる土地利用データ以外はベクターデータからラスターデータに変換され，各セルの土地開発状況，周辺の人口，競合店からの距離が計算されます．そしてそれぞれのセルに対して，新規立地が望ましい（開発余地のある土地利用に該当する，周辺人口が多い，競合店から遠い）順に 3 〜 1 のランクが割り当てられます．最後に，ここでは**ラスター演算**（第 5 章，第 10 章参照）により各レイヤーのランクを合計することで 3 〜 9 のセル値を持った 1 つの総合評価マップが生成されるので，それに基づいて適地選定の基準を満たす地域を特定できます．

11.1.3 分析例②：コストパス解析

　コストパス解析は，ある地点から別の地点へ移動する際の「コスト」が最も小さくなる経路（パス）を特定する手法です．ここでコストとは，移動にかかる時間や距離など，移動の難易度を定量的に表したものを指します．この分析は，最適な道路の配置や避難路の策定，野生動物の移動経路の予測など，さまざまな分野で応用されます．

　コストパス解析と**ネットワーク分析**（第 12 章参照）は，どちらも空間的な経路問題を解決するために使われますが，対象とする問題の種類，適用されるアプローチ，使用するデータの性質において異なります．例えば，コストパス解析は一般に連続した空間（開けた地形や自由な空間）に適用される一方，ネットワーク分析は道路や水路など，既存のネットワーク構造上で行われます．また，コストパス解析はコストが最小になる経路を求めるのに対し，ネットワーク分析では最短距離，最小時間，最小コストなど，さまざまな基準で最適な経路を特定することができます．

　コストパス解析を行う際の一般的なステップと

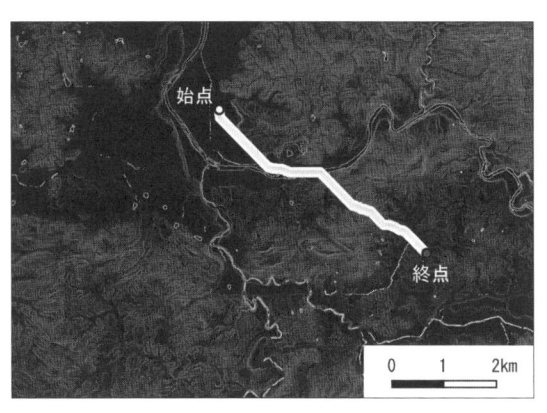

図 11.2　コストパス解析の例
背景は傾斜を示す．

して，まずは移動コストを地理的空間上で表現したラスター形式のコストサーフェスを作成します．このサーフェスは，地形や植生，道路の有無など，さまざまな要因に基づいてコスト値が割り当てられます．次に移動の始点と終点を設定し，コストサーフェス上で，始点から終点までの最小コストパスを計算します．この計算には，ダイクストラ法などの経路探索アルゴリズムが用いられることがあります（第 12 章参照）．最後に，計算された最小コストパスを地図上に可視化しますが，ここではパスがどのような地形や障害物を避けているか，どのような要因がコストに影響を与えているかを評価することもできます．

　図 11.2 に示すのは，ある地域における 2 地点間の最適コストパスを可視化したものです．ここではコストサーフェスとして傾斜を考慮しています．歴史学分野などでは，例えば港町から山の上の館城までの最適コストパスを分析する際に，地形だけでなく，川を渡るのに大きなコストを要するという意味で，土地被覆が水域であるセルが指定されることもあります（石井 2020）．

11.2　カーネル密度推定

　地表上のさまざまな地物や現象の広がりは**点分布**として表現されることが多いですが，いくつか

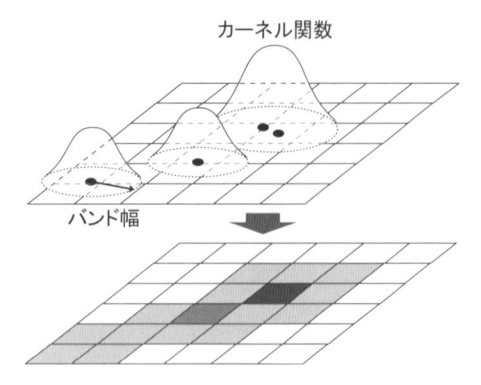

図 11.3　カーネル密度推定のイメージ

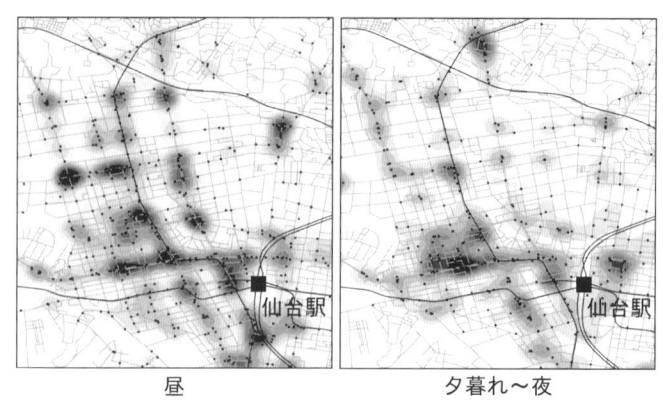

| 昼 | 夕暮れ～夜 |

図 11.4　交通事故の犯罪発生状況
出典：宮城県警察のデータをもとに作成[1].

の点が重なり合う場合など，地図化だけではその空間パターンの特徴を正確に把握できないこともあります．そこで，点分布全体を連続した空間として表現する統計的方法として**カーネル密度推定**があります．これは図 11.3 に示すように，それぞれの観測データに対してカーネル関数を用いて「山」を作成し，それらを足し合わせることで点分布全体を単位面積当たりの密度としてラスター形式で表現する方法です．例えば，犯罪発生地点や野生動物の観測地点，人口の分布など，さまざまな種類の点データに対して適用できます．

　カーネル密度推定では，まず分析対象となる一連のポイント周辺に重みを配分するための関数（カーネル関数）をどのように定義するかを決めます．次に，カーネル関数の広がりの幅（バンド幅）を決定することになりますが，このバンド幅が大きいほど推定される密度関数は滑らかになる一方で，小さすぎるとデータの局所的な地域差が過度に反映されることになります．最後に各ポイントについて，カーネル関数を使用して空間上の密度を計算します．

　カーネル密度推定を使った分析は，単にデータポイントが多い場所を示すだけでなく，それらのポイントがお互いにどのように空間的に関連して

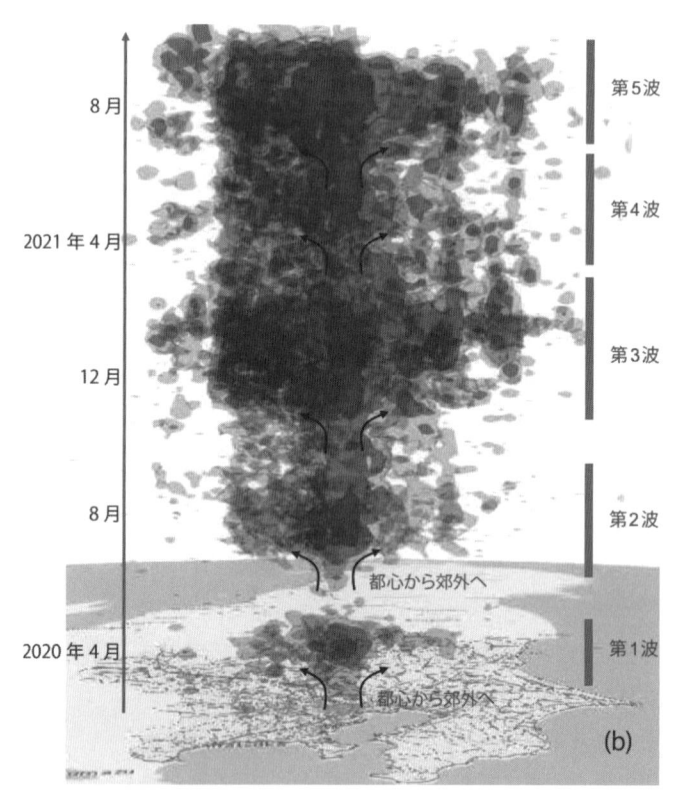

図 11.5　COVID-19 感染発生施設の時空間密度分布
出典：中谷・永田（2021）.

いるか，またどのようなパターンを形成しているかを理解するのに役立ちます．

　図 11.4 はカーネル密度推定の適用例として，宮城県警察で公表されている 2020 ～ 2022 年における交通事故の発生状況を時間帯別に示したものです．仙台市内の事故の発生地点が地図上に示さ

れ，その発生密度が段階的に色で表示されています．色が濃くなるほど事故が多いことを表しており，多発地点が集中している，いわゆる**ホットスポット**が複数存在していることや，夕暮れ以降は仙台駅の西側の繁華街に集中するなどの時間的な特徴がわかります．

　犯罪発生や感染症発症などの点分布を滑らかな発生密度の分布として表現するカーネル密度推定法は，2 次元の空間次元に加えてさらに時間次元を拡張することで，その時空間分布を 3 次元で可視化することもできます．図 11.5 は，この手法を用いて作成された東京大都市圏におけるCOVID-19 感染者の時空間密度分布図です．水平面の密度分布に加えて，垂直方向には時間軸が示され，2020 年 4 月から 2021 年 8 月までの高密度に患者が報告された地域と時期が「雲」として示されています．感染拡大初期には都心から郊外に拡大していく様子や，大規模な繁華街が集中する都心部で長期間に感染が持続する様子を把握することができます．なおカーネル密度推定は，発生地点に誤差があるデータに対して適用できたり，正確な発生地点を示さずに分布の広がりを表現できたりするなどの利点もあります．

11.3　空間補間

　気温や降水量のように任意の地点で観測可能な事象に関して，観測されていない未知の地点の値を推定することを**空間補間**といいます．特にその既知の地点が存在する地域の範囲内の値を推定することを**内挿**といい，図 11.6 のように，分散した観測点における観測値に基づいて，対象エリア全体の値を面的に推定し，空間的に連続したラスターデータを生成します．

　空間補間の基本的な原理は，空間的自己相関（第9 章参照）や「事物は近接しているものほど強く関連しあっている」という地理学の第一法則に基づいています．いずれも，空間的に近い位置にある測定値は，遠く離れた位置にあるものよりも相互に類似しているという考え方です．空間補間はこの考えを応用し，既知の地点のデータを用いて，未知の地点のデータ値を推測します．

　代表的な空間補間（内挿）の方法としては下記のようなものがありますが，選択する補間手法によって結果（生成されるラスターデータ）は異なるため，使用するデータの性質や空間的な分布特性に応じて最適な手法を選択する必要があります．

(1) IDW 法（Inverse Distance Weighted: 逆距離加重法）：周辺の既知の観測値の平均を未知の地点の値として推定します．その際，**距離減衰**の効果が反映されるように地点間の距離の逆数を重みとして用います．これは，より近い観測点のデータほど影響力を持つという考え方に基づくものです．データが比較的均一に分布しており，局所的な変動を重視する場合に適しています．

(2) クリギング（Kriging）：既知の地点間の空間的な相関関係をモデル化して，未知の地点の値を推定します．統計的な根拠に基づいて推定誤差も評価できるため，サンプルが比較的少なくても適用できる方法で，空間的な相関が重要と考えられる連続的な変数に適しています．

(3) スプライン法（Spline 法）：すべての既知の地点を滑らかにつなぐ曲面でサーフェスデータを作成することで未知の地点の値を推定します．滑らかな補間結果を得ることができますが，データの質が一定であり，全体として緩やかな変化を示すデータの補間に適しています．

　以上のように，IDW 法は周辺の観察値に基づ

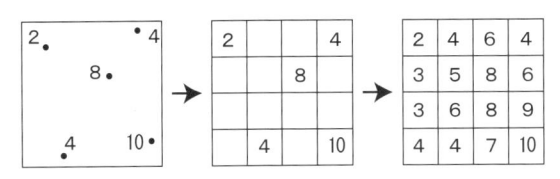

図 11.6　空間補間（内挿）のイメージ

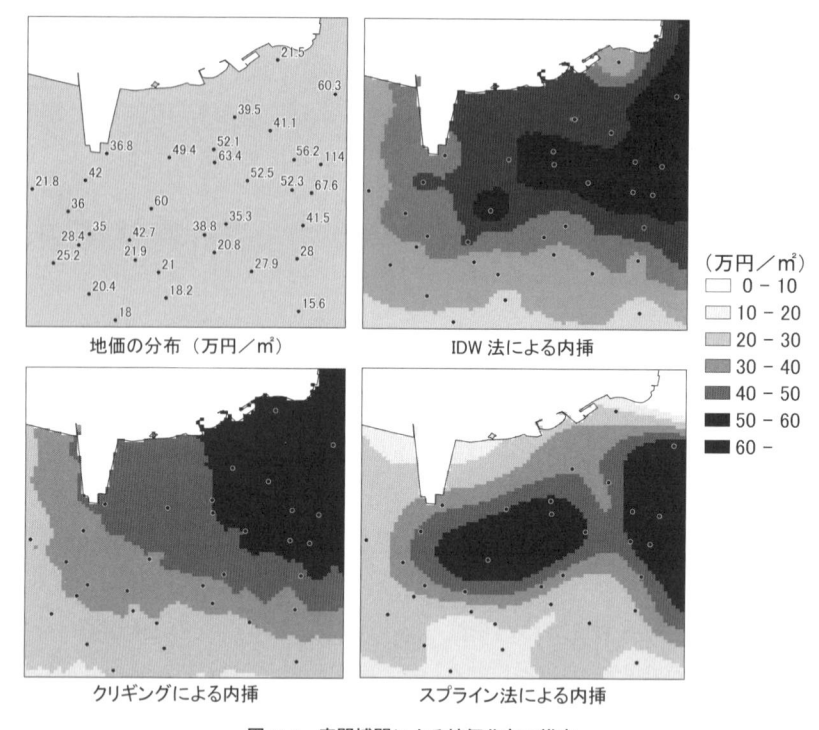

図 11.7　空間補間による地価分布の推定
出典：令和 6 年地価公示のデータをもとに作成.

いて推定を行うのに対し，クリギングやスプライ
ン法は全体の観測値を活用するという特徴の違い
もあります．空間補間は気象データや汚染物質濃
度だけでなく，地価や歩行者通行量などのデータ
にも適用可能です．図 11.7 は福岡市中心部にお
ける地価の分布と，異なる手法を用いた空間補間
の結果です. 同じ地価ポイントデータに対しても，
手法の特性を反映して異なる推定結果が得られた
ことがわかります.

【参考文献】

石井淳平 2020. 文化財業務で使う GIS‐QGIS を利用した
　　実践的操作. 奈良文化財研究所研究報告 24：138-194.

佐土原聡編 2024.『図解！触って学ぶ ArcGIS Pro』古今書院.

中谷友樹・永田彰平 2021. COVID-19 流行の空間疫学‐コ
　　ロナ禍の地理学. 学術の動向 26（11）：60-67.

【注】

1) 宮城県警察「交通事故発生状況」https://www.police.pref.
　　miyagi.jp/seian/zikenziko/index.html（2024 年 5 月 14 日
　　閲覧）.

🔅 **課題**

・カーネル密度推定で生成されたデータを
　使ったラスターオーバーレイ分析として，
　どのような分析ができるか具体的な事例を
　考えてみましょう.

・歩行者通行量調査の通行量ポイントデータ
　から地域全体の通行量の分布を把握するに
　は，どの空間補間法が適しているか考えて
　みましょう.

第12章　ネットワーク分析

本章のポイント

◆ 地図アプリのルート検索でも使われている，GISを使ったネットワーク分析の仕組みや，ネットワーク分析がどのようなことに応用できるのかを理解しよう．

12.1　GISの世界でのネットワーク

　ネットワークという言葉を聞くと，スマートフォンやパソコンをつなぐ，コンピューターのネットワークを思い浮かべるかもしれません．あるいは，ソーシャルネットワーキングサービス（SNS）をイメージするかもしれません．SNSはデジタルなものですが，人と人とのつながりもネットワークと呼ばれることが多いでしょう．GISでもインターネットを使いますが，GISを使う現場では，ネットワークという言葉は，多くの場合，道路や水道管，ガス管などのネットワークを指します．まずは，道路に注目しましょう．

　道路はどのように作られているのでしょうか．例えば高速道路は，東京や大阪のような都市と都市との間を結ぶように作られています（図 12.1）．国道のような幹線道路も，都市と都市，都市と農村など，ある地域と別の地域を結ぶように作られています．少し細かい単位で道路を考えてみると，街の中心部と周辺部の間を結んでいたり，住宅地と公園の間を結んでいたりします（図 12.2）．さらに細かく見てみると，どこかとどこかを結ぶというよりも，図 12.3のように，道路が網の目になっている様子を確認できます．網の目をさらに細かく見ていくと，この網の目は，ある交差点とすぐ近くの別の交差点の間を結ぶ道路や交差点と行き止まりの場所を結ぶ道路で構成されていることがわかります．GISの世界で扱う道路のネットワー

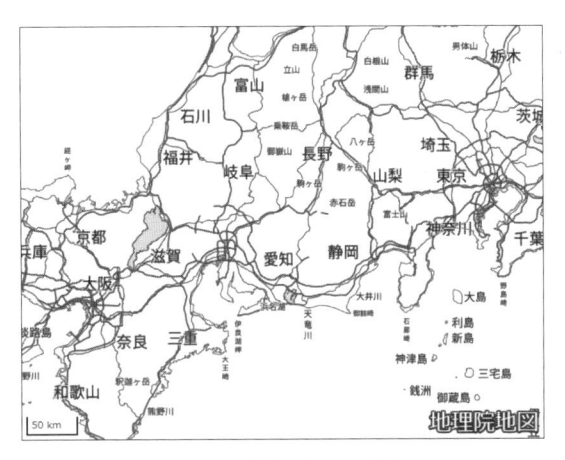

図 12.1　高速道路と主な道路
出典：地理院地図 Vector [1].

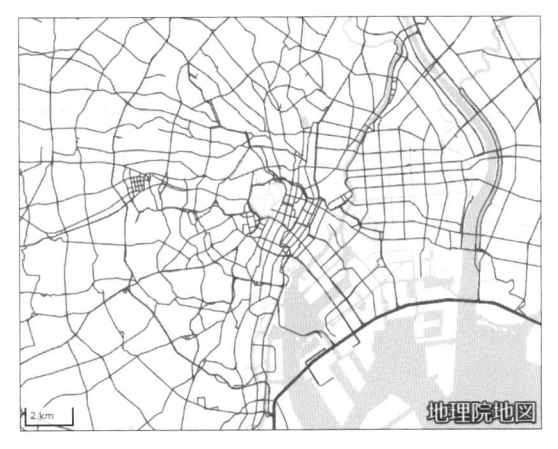

図 12.2　都市内部の道路
出典：地理院地図 Vector [1].

クというのは，どこかの都市と都市の間を結ぶ道路というよりも，網の目の**道路網**を形作っており，それぞれの道路や交差点から構成されています．網の目のようになっている道路のネットワークに

64

つながってさえいれば，自宅から旅行先のホテルまでというピンポイントで，いろいろなところへ行けることになります．当たり前に思えるかもしれませんが，道路がネットワークと呼べるほどの網の目になっておらず，高速道路や国道しか存在していなかったら，ほとんどの場所にたどり着けなくなります．

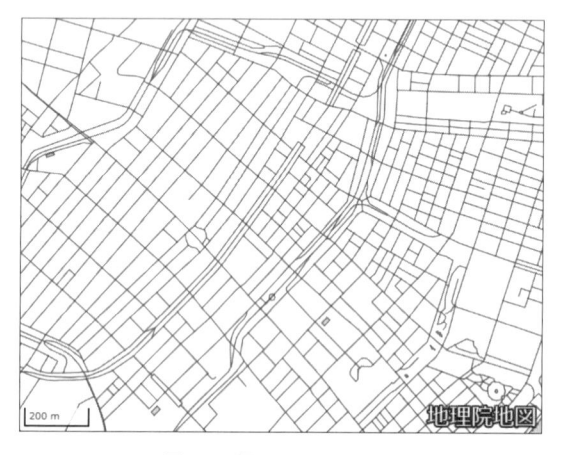

図 12.3　網の目のような道路
出典：地理院地図 Vector [1].

また，水道管やガス管のようなライフラインに関係するインフラストラクチャーも，浄水場やガスタンクから，水やガスを住宅や工場などに届けるために，網の目のようにネットワークが作られています．道路ネットワークでは，両方向に通行できる道路が大部分を占めていますが，水道管やガス管のネットワークでは，供給元となる浄水場やポンプ場，ガスタンクなどから，使用する場所である住宅などに一方通行で水やガスが流れていくことになります．図 12.4 の大阪市の下水道ネットワーク [2] のように，下水道の場合はその逆になります（図 12.4）．そのため，水道管やガス管のネットワークでは，ネットワークを構成する 1 つ 1 つの管を水やガスが流れる向きが重要になります．GIS では，そのようなネットワーク上での流れの向きなども考えながら，ある場所から別の場所への最短のルートを計算したり，効率よく，いくつかの立ち寄り先を巡回するルートを計算したりすることができます．

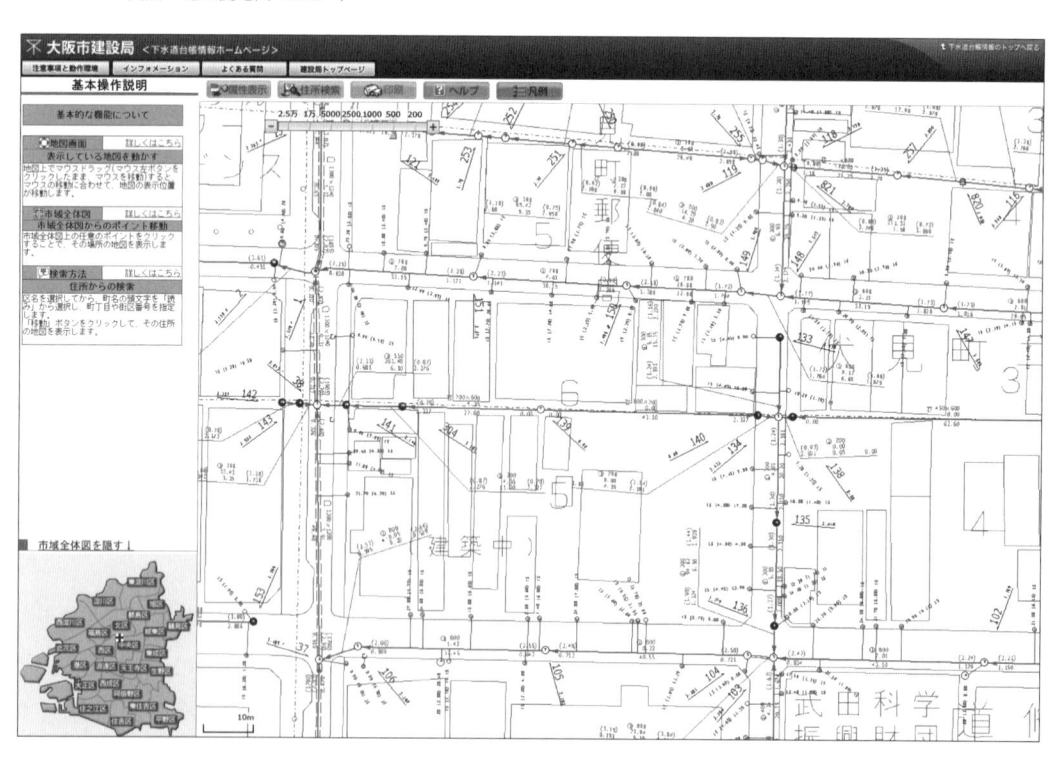

図 12.4　大阪市の下水道ネットワーク
出典：大阪市建設局 [2].

12.2　地図アプリのルート検索とその仕組み

GIS を使う中で，ネットワークがよく利用されるのは，最も距離が短い，あるいは最も時間がかからないルートを探す，**最短経路探索**という処理です．これは，スマートフォンの地図アプリやカーナビなどでよく利用されるルート検索の機能と同じです．

それでは，どのような仕組みで，ルート検索が行われているのでしょうか．そのアルゴリズムについて簡単に解説します．図 12.5 のような道路と交差点で構成されている道路ネットワークがあったとしましょう．図の中の交差点 A から交差点 B まで行きたいとします．どのルートが最短距離なのかを最も確実な方法で知りたい場合，交差点 A から行くことができるすべてのルートをたどっていき，最も距離が短いルートを選べば良いでしょう．この方法では，すべてのルートをたどっていく必要がありますので，ネットワークが大きくなると，計算時間は膨大になってしまいます．地図を見ながらある程度あたりを付けて，そのうちで最短距離のものを選ぶという方法もありますが，それができるのは人間や AI ですし，そもそも，そのルートが本当に最短なのかはわかりません．このような問題に対して，時間を節約しつつ，正確に最短経路を求めるアルゴリズムとして，**ダイクストラ法**と呼ばれる方法があります．

ダイクストラ法では，交差点 A を出発点とし

てネットワークをたどりながら，すべての交差点について，交差点 A からの最短距離を設定していく作業を行います．まず，交差点 A から 1 つの道路だけを介して直接つながっている，すべての交差点までの距離を求めます（図 12.6 (a)）．

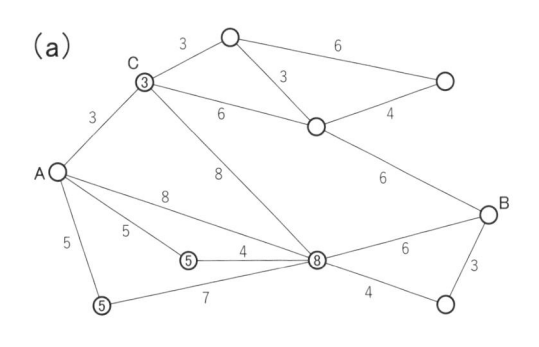
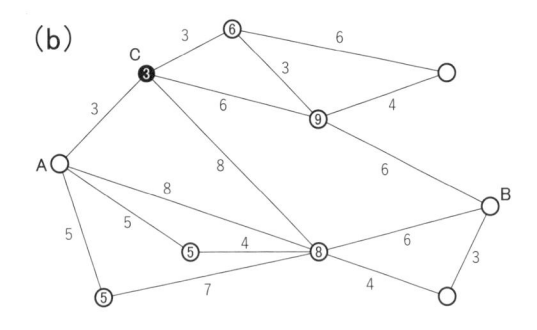
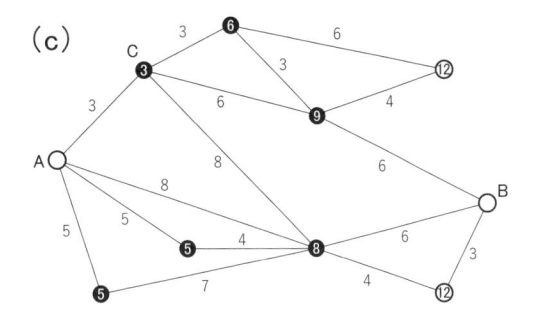
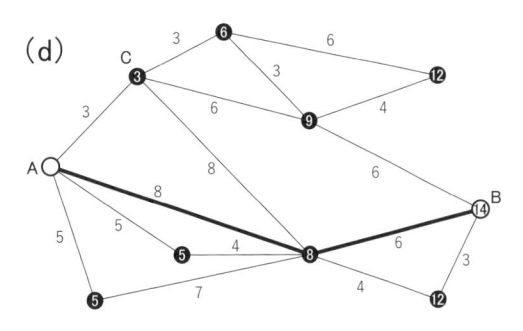

図 12.6　ダイクストラ法での計算手順

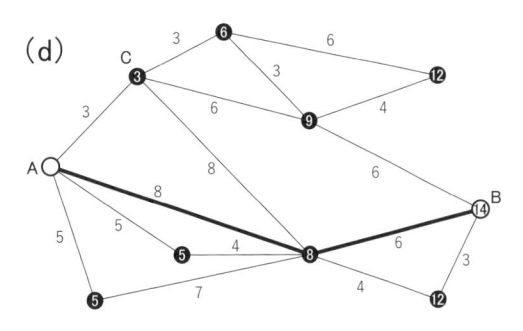

図 12.5　道路ネットワークの例
数値は距離を表す．

求めた距離の中で最も距離が短い交差点 C に注目しましょう．この時点で，交差点 A から交差点 C にたどり着くための他の経路はありませんので，交差点 C までの最短距離は 3 となり，確定できます．確定したので，交差点 C を黒丸にしましょう（図 12.6（b））．次に，交差点 C から直接つながっているすべての交差点までの距離を求め，最短距離が確定できるところは確定しましょう（図12.6（c））．再度，交差点 A からの距離が最も短い交差点に注目して距離を計算しながら，最短距離を設定していきます．交差点 A からの最短距離が求められていない交差点がなくなれば，計算は終了です（図 12.6（d））．目的地である交差点 B の最短距離を確定できた段階で計算を終了しても構いません．ここでは，14 が最短距離となり，太線の経路が最短経路となりました．

GIS での最短経路探索や地図アプリでのルート検索では，単純な道路上の最短距離だけを求めることは少ないでしょう．同じ道路でも，高速道路のように移動時間が短くなるような道路や，鉄道やバスなどのさまざまな移動手段と組み合わせた最短経路を求めることが多くなっていますので，使用するネットワークは非常に複雑です．そのため，このようなダイクストラ法やそれを改良した，計算時間の少ない方法が利用されています．

12.3　道路ネットワーク分析のためのデータ

地図アプリなどでルート検索をする場合，距離が短いことよりも，時間がかからないことを重視することのほうが多いはずです．もちろん，歩いたり，自転車に乗ったりするのであれば，多くの場合，距離が短いことは時間がかからないことと同じ意味を持ちますので，違いはありません．しかし，自動車を用いるような場合，距離が短くても，道幅が狭く，くねくねしたルートであれば，距離が長くて遠回りになるような高速道路を使ったルートのほうが時間はかからないということが

あります．このような場合には，その距離を移動するのに何分かかるか，というような**時間距離**を使って，ネットワーク上での最短経路を求める必要があります．それでは，時間距離を使うためには，どのようなデータが必要になるでしょうか．

先ほどの例のように，時間距離は主に移動手段によって異なります．徒歩であれば時間距離は長くなり，自動車であれば短くなります．また，道路が高速道路であれば，高速に走行できますので自動車の時間距離はさらに短くなりますが，徒歩であれば通行できません．反対に，階段のような道路や，急斜面の道路であれば，自動車は通行できず，徒歩でしか通れないこともあります．もちろん，図 12.7 のように，道路にはさまざまな規制 [3] があり，一方通行なのか，あるいは両方向に通行できるのかという違いもあります．交差点によっては，直進しかできなかったり，右折ができなかったりするような場合がありますし，特定の時間帯だけ右折や左折ができないというような交通規制が行われていることもあります．自動車だけの場合を考えても，道路の種別や，速度，進行方向，交差点での右左折の方向の規制など，複雑な条件を考慮に入れた最短経路探索ができないと，正しいルートを計算できないだけでなく，最悪の場合，交通事故を引き起こしてしまうことがあります．そのため，実生活で使えるようなルート検索の機能を実現するためには，単なる道路網の GIS データだけでなく，道路上を自動車が移動するときに影響を与える，すべての交通規制についての情報を，道路ネットワークのデータとして用意する必要があります．また，よりリアルタイムなデータとして，渋滞情報や事故・災害による通行止めの情報などがあると，実際のカーナビで使われるような精度の最短経路探索ができるようになります．

また，鉄道やバスなどの時刻表のデータがあれば，道路ネットワークでの交差点を駅やバス停と考えて，その間の所要時間をもとにした時間距離で，最短経路を求めていくことができます．

図 12.7　さまざまな道路規制の標識
出典：国土交通省[3].

このような場合に用いる時刻表のデータとして，**GTFS**（第 7 章参照）と呼ばれる，世界共通の形式があり，この形式の時刻表データは，Googleマップでのルート検索にも活用されています．

12.4　道路ネットワーク分析の応用

最短経路探索を中心にして，道路ネットワークについて解説をしてきましたが，ネットワークデータを利用することで，さまざまな分析を行うことができます．例えば，直線距離で求められるバッファを，ネットワーク上の時間距離で求めることができれば，避難所にすぐに避難できる徒歩5分以内の範囲というように，実際の避難行動に合った，現実的な範囲を求めることもできます．このような時間距離に基づいた，一定の時間で到達できる範囲のことを到達圏と呼びます．避難所ごとに，到達圏の範囲内の人口や高齢者人口を求めることで，災害時にそれぞれの避難所にどの程度の人々が避難してくる可能性があるのかを考えることができます．

また，最短経路探索は，ある地点から別のある地点までの最短経路を探すだけのものですが，企業などでは，複数の顧客や訪問先を効率よく回ることが求められる場合があります．時間とガソリン代をなるべく無駄遣いせずに，出発点となる自分の会社から，立ち寄り先を最も短い時間と燃費で移動できるルートを求めようとすると，単純な最短経路探索ではなく，順番も含めて考えていく必要があり，非常に複雑な計算が必要になります．このような問題は，**巡回セールスマン問題**と呼ばれていて，よく知られる最適化問題として，**オペレーションズリサーチ**と呼ばれる研究分野を中心に，これまで盛んに議論されてきました．立ち寄り先が増えていくと，最適な答えをすぐに求めることは難しい問題ですが，ネットワーク分析を行うことができる GIS ソフトには，そのような計算ができるものもあります．例えば図 12.8 は，訪問先として設定した 8 カ所を，拠点から効率よく回るためのルートを計算しようとしたもので，左の図は拠点の位置と訪問先の位置をデータとして GIS ソフトに与えた状態を示しています．右の図は，ルートと順番の計算結果を示していて，拠点を最初に通り（番号が見えませんが拠点が 1番目），2 番目に北西の訪問先を通り，順番に，9番目までの訪問先を回り，最後に 10 番目として

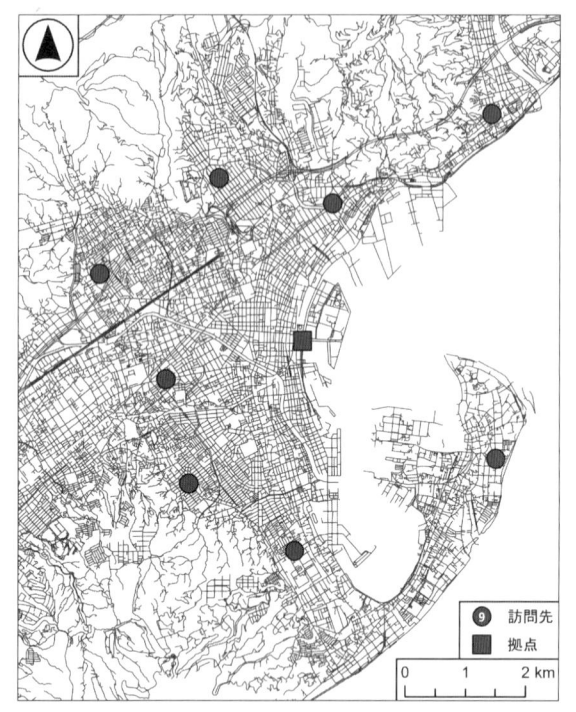 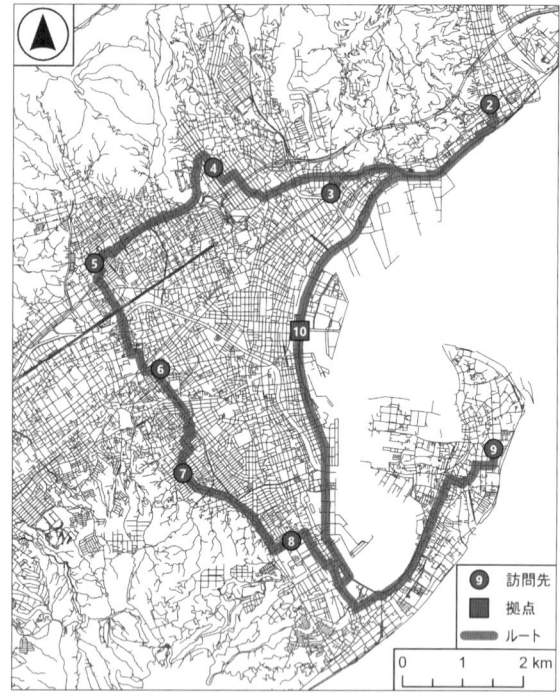

図 12.8　訪問先を効率的に巡回するためのルートの計算
出典：地理院地図 Vector [1].

拠点に戻ってくるというルートを示しています.

　道路ネットワークや，鉄道を含めた人の移動に関するネットワークのデータを用いることで，人や自動車の移動経路を無視した直線距離ではなく，移動経路上の道路距離や時間距離として，距離を GIS 上で処理することができます．ネットワークデータを用意することは簡単ではありませんが，より現実的な課題に GIS を応用して，それを解決するためには，ネットワークデータを上手に活用する必要があるでしょう．

> 💡 **課題**
> ・GIS の世界では，ネットワークはどのようなもので構成されているのでしょうか．道路を例にして説明してみましょう.
> ・ルート検索で用いられる，ダイクストラ法というアルゴリズムを説明してみましょう.
> ・ルート検索のための道路ネットワークデータに必要な情報を挙げてみましょう.

【注】
1) 国土地理院「地理院地図 Vector」https://maps.gsi.go.jp/vector/（2024 年 5 月 13 日閲覧）.
2) 大阪市建設局「下水道台帳情報ホームページ」https://www.gesuikanro.city.osaka.lg.jp/emap/html/bbs/gmap.jsp?（2024 年 4 月 29 日閲覧）.
3) 国土交通省「道路標識一覧」https://www.mlit.go.jp/road/sign/sign/douro/ichiran.pdf（2024 年 4 月 29 日閲覧）.

第13章 GISで地域課題を解決しよう

本章のポイント

◆ 4つの事例について，2人ずつの会話形式で課題解決のためのプロセスを紹介しています．
◆ さまざまな地域課題に対して，GISがどのように意思決定に役立てられるかを理解しよう．

13.1 公共施設の配置問題

地域内にいくつかある役所の窓口を，人口減少に伴い1つ廃止します．廃止する窓口の候補はAとBのいずれかですが（図13.1），どちらが望ましいでしょうか？

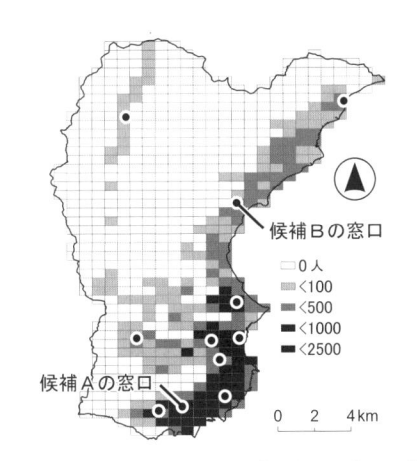

図13.1　ある地域における人口分布と役所の窓口の立地
出典：令和2年国勢調査のデータをもとに作成．

考え方

このような問題は，住民や利用者にサービスを提供するために施設の最適な場所を決める**施設配置問題**として考えることができると思います[1) 2)]．

一般的には，利用者にとってできるだけ距離が近くなるように施設を設置することが求められますが，最適な配置の決め方にはいくつかの評価基準や制約がありますね．

例えば，各利用者とその最寄りの施設との間の距離の合計が小さくなることを重視する考え方もあれば，施設から最も遠い利用者に着目して，その距離が小さくなることを重視する考え方もあると思います．

前者は効率性，後者は公平性を重視するものですね．いずれにしても，まずは利用者とその最寄り施設との間の距離に注目することで検討できそうですね．

実践

国勢調査では全国の人口が小地域（町丁・字等）や500 mメッシュ単位で公表されています．小地域は行政的な区域の1つですが，形状や面積が異なる地域単位です．人口の少ない郊外部ほど面積が大きくなる傾向があるので，そのような地域は500 mメッシュのほうが分析に適してそうです（図13.2）．

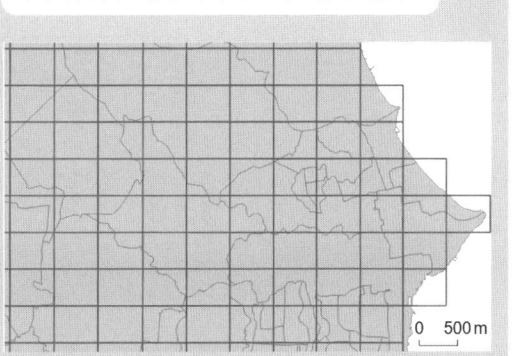

図13.2　小地域と500 mメッシュによる地域区分

今回は利用者のいる各メッシュから最も近い窓口を特定し，各メッシュの重心点とそこから最も近い窓口との直線距離を GIS により計測してみます．GIS ソフトでは空間結合の機能を用いてこの操作ができますね（第5章参照）．

公共施設の情報は**オープンデータ**として公開されていることが多いですね．道路ネットワークデータがある場合には，道路に沿った距離（道路距離）や時間距離による計算もできそうですね（第12章参照）．

メッシュごとに算出された最も近い窓口までの距離は，候補案ごとに比較可能になるように集計してみます．

最寄り窓口までの距離別の人口やその累積の分布をグラフ化したり，人口で重み付けした平均距離を算出したりすることで，複数の代替案の特徴を可視化できますね．

意思決定

図13.3 には，最寄り窓口までの距離別人口を，それぞれの候補案別に累積割合で示してみました．

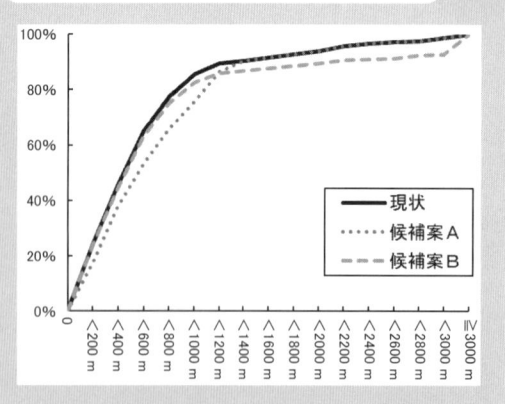

図13.3　最寄り窓口までの距離別人口の累積割合

候補案 A のように候補 A の窓口が廃止されると，高い利便性を受けられていた 1 km 未満の住民の割合は減ってしまいますね．

一方，候補案 B のように候補 B の窓口を廃止すると，利便性の高い 1 km 未満の住民の割合はあまり変わらないけど，不便を被っている遠距離の住民の割合は大きく増えてしまいます．

誰もが利用する公共性の高い施設の配置を検討する際には，候補案 A のほうが適しているかもしれませんね．このようにそれぞれの特徴を踏まえて最適な意思決定ができますね．

展開

学校や病院のように施設に収容定員がある場合には，需要が一定量以上を超えるとサービスを提供できなくなってしまうので，施設の容量を制約条件として考慮することも必要だと思います．

商業施設などの場合には，競合する施設の有無，施設の魅力度の違いなども状況によって考慮する必要もありますね．

消防や配達サービスのように，施設があらかじめ設定された距離内にある場合には，利用者が適切にサービスを受けることができるかどうかに着目するという考え方もあると思います．

さらに将来推計人口を用いることで，将来を見据えた意思決定も可能になりますね．

【注】

1) 岡部篤行・鈴木敦夫 1992.『最適配置の数理』朝倉書店.
2) 石﨑研二 2003. 立地・配分モデル. 杉浦芳夫編『地理空間分析』朝倉書店.

13.2　緑地の価値の評価

　都市には公園など多くの都市緑地があり（図13.4），環境保全や景観形成に寄与しています．このような都市緑地には，どれだけ経済的価値があるのでしょうか？　また緑地整備を行う場合，どれだけの利益を地域にもたらすでしょうか？

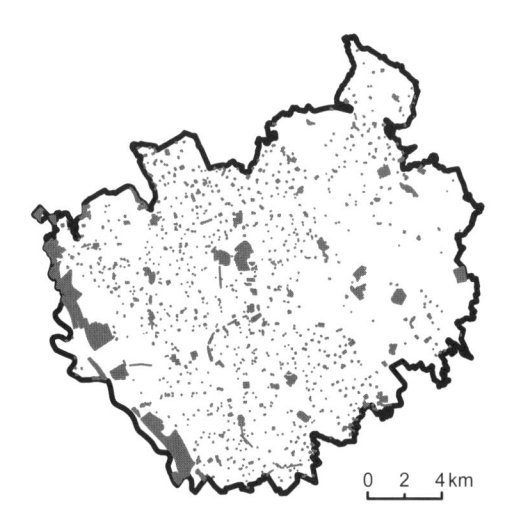

図 13.4　さいたま市における公園・広場の分布
出典：さいたま市都市計画基礎調査（土地利用現況）のデータをもとに作成．

考え方

緑地は都市に暮らす私たちにとって重要だけど，その価値を定量的に示すことは難しいですね．

環境の経済的価値を貨幣価値として計測する手法の1つにヘドニック法があります．これは，環境水準の差が地価や住宅価格に反映されるという資本化仮説と呼ばれる考え方に基づくものです[1]．

つまり地域の緑地が地価にどの程度影響しているかを調べることで，緑地の価値やその整備に対する投資の価値を経済的な視点から測ることができるということですね[2]．

地価は毎年調査・公表されていますが，地価に影響を与える要素は1つだけでなく，その土地の面積や容積率，都心や最寄り駅までの距離なども考えられますね．

これらの周辺地域の特性を計測するためにGISは不可欠だと思います．

ヘドニックモデルを推定する最も簡単な方法として，地価を被説明変数，周辺の緑地環境を含む複数の地価の形成要因を説明変数とした重回帰分析（第9章参照）を用いることができます．

実践

まずは地価調査ポイントのうち住宅地のみを属性検索（第5章参照）により抽出し，それらの地点に関する説明変数を用意していきたいと思います．

各地価ポイント周辺の都市緑地環境は，例えば一定距離圏内にどれだけ緑地があるか面積を測ることで評価できますね．

土地利用現況調査のデータがオープンデータとして公開されていたので，まず公園・広場のみを抽出しました（図13.4）．そして図13.5のように，今回はすべての地価ポイントから500mの**バッファ**領域を発生させ（第8章参照），**オーバーレイ解析**によってその中に含まれる公園・広場の面積を算出・集計しました（第5章参照）．

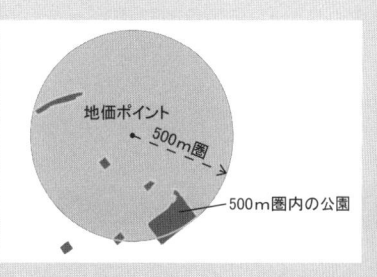

図 13.5　バッファ分析とオーバーレイ解析による地価ポイント周辺の緑地面積の計算

他にも地価に影響を与えると考えられる地価ポイントの属性や周辺環境はありますか？

地価ポイントの地積（面積），建物構造（木造であれば1，それ以外であれば0をとるダミー変数），容積率，最寄り駅までの距離を考慮しました．このうち最寄り駅までの距離はGISで計測しました．

意思決定

表 13.1 は統計ソフトを使って重回帰分析を行って推定された地価関数の結果ですね．被説明変数と説明変数の両方を対数変換した両対数モデルの場合，回帰係数は説明変数が 1% 変化した時の被説明変数の変化率を表すことに注意してください．

表 13.1　地価関数の推定結果

	回帰係数	標準誤差	t 値
切片	12.849	0.950	13.519
地積（対数）	-0.172	0.075	-2.286
木造ダミー	-0.232	0.090	-2.573
容積率（対数）	0.453	0.118	3.830
最寄駅までの距離（対数）	-0.380	0.057	-6.659
500 m 圏内の緑地面積(対数)	0.062	0.025	2.502
観測数	155		
自由度調整済み決定係数	0.395		

被説明変数は地価の対数値.すべての変数は1%水準で有意.

すべての説明変数が統計的に有意となっています．500m 圏内の緑地面積の影響の度合いを表す回帰係数をみると，0.062 と推定されています．つまり他の条件が一定の場合，周辺に 10% 緑地面積が増えると，地価は 0.62% 高くなることを示しているので，これが都市緑地の経済的評価といえます．

緑地整備などにより都市の中に緑地面積を増やすことには，それだけの利益をもたらすと捉えることもできますね．

緑地整備のような施策にどれくらいの予算をかけるべきかなどの意思決定に役立つと思います．

展開

今回のモデルは非常に単純化されたものですので，実際には結果の解釈の前にモデルが適切かどうかについても検討する必要があります．

今回考慮しなかった地域要因が地価に大きな影響を与えている可能性もあると思います．

適切でないモデルの構築や重要な説明変数の欠如は，誤った推定値を導きます．モデルの精緻化のために，回帰分析の誤差を地図化して探索的に重要な地域要因を探したり，空間的自己相関（第 9 章参照）を考慮したモデルの開発したりすることも進んでいます．

【注】
1) 河端瑞貴編 2022.『事例で学ぶ経済・政策分析のための GIS 入門‐QGIS, R, GeoDa 対応』古今書院.
2) 愛甲哲也・崎山愛子・庄子 康 2008. ヘドニック法による住宅地の価格形成における公園緑地の効果に関する研究. ランドスケープ研究 71（5）：727-730.：https://doi.org/10.5632/jila.71.727

13.3　デング熱の流行リスク評価

　世界では蚊が媒介する感染症であるデング熱が流行しています（図 13.6）．日本では，デング熱が流行するリスクはあるのでしょうか？　また，気候変動によって感染症の地理的に拡大する可能性はあるのでしょうか？

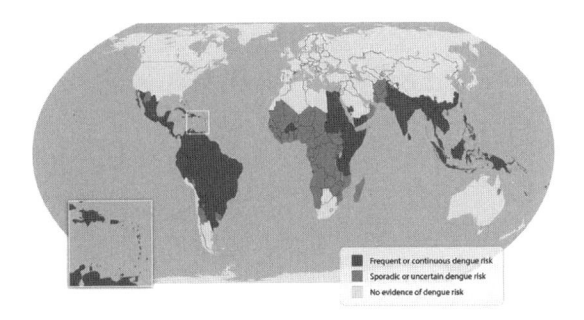

図 13.6　世界におけるデング熱のリスクマップ
出典：アメリカ疾病予防管理センター：Dengue Around the World [1].

考え方

 インターネット検索をしたら，2014年に代々木公園でデング熱が発生して，防護服を着ている人が薬剤散布している様子の写真がでてきました．デング熱の流行リスクの評価ってどんな方法があるのでしょうか．

 日本ではデング熱は継続的に流行している地域ではないため，感染者のデータは得られないですし，感染者が発生したとしても，詳細なデータは公表されません．こうした場合，デング熱の流行リスクを予測する際には，媒介する蚊の生息分布に着目します．

 そうなんですね．調べてみると，デング熱の媒介蚊はネッタイシマカとヒトスジシマカで，後者の蚊が日本には生息しているそうです．ヒトスジシマカは夏場によく刺してくる蚊ですね．

 そのヒトスジシマカの生息分布については，現地調査で生息の有無を確認し，生息分布と環境条件との関係性を検討しています [2]．その結果に基づいて，簡易的な**リスクマップ**の作成には，気温に注目したものがあります．その際には，ヒトスジシマカの生息条件である年平均気温 11℃以上を用います．

実践

 気温のデータと蚊の調査データを使えば，私たちにも簡易的に感染症のリスクマップができそうですね．まずは現地調査をして，ヒトスジシマカの生息分布を地図に描いていく作業ができそうです（第 6 章参照）．

 そうですね．自らフィールドワークを行うのも良いですが，日本全国など広域の場合には，先行研究の結果を用いると良いでしょう．

 先行研究を調べていくと，ヒトスジシマカの生息は東北以南には生息しているところがほとんどのようです．東北地方を着目した生息の北限を調査する研究 [3] があったので，その研究成果を参照して GIS でヒトスジシマカの生息分布図を作成しようと思います．

 分布図を描いた後，生息が確認された年を使って，等値線図を描いてみると，生息北限のラインが把握できますね．生息が確認された時期が同じ場所の点を線で結んでみてください．

 地図にすると，ヒトスジシマカの生息分布が北に広がっていますが，まだ北海道には生息していないことがわかりますね（図 13.7）．北限ラインは，約 10 年で 26 km 程度北へ拡大していることがわかりました．ヒトスジシマカの生息条件が年平均気温 11℃以上という

74

図13.7 東北地方におけるヒトスジシマカの生息分布と北限
出典：国立感染症研究所 駒形 修氏提供・一部加筆修正.

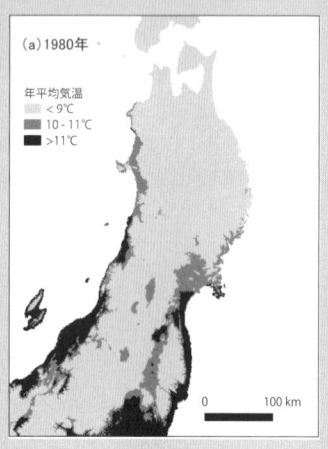

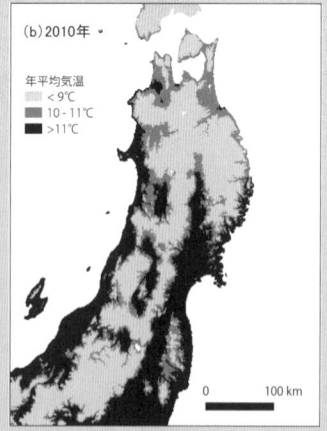

図13.8 東北地方における年間平均気温の変化
出典：国立感染症研究所 駒形 修氏提供.

ことは，次に気温の変化と生息分布を重ねてみるとよさそうですね．

 気温の変化と生息分布といったように2つ以上の要素を重ね合わせて分析することを**オーバーレイ**といいます（第5章参照）．気温の年次変化を見るために，農研機構メッシュ農業気象データ[4]を利用してみるといいですね．1980年からデータが提供されています．また**国土数値情報の平年値（気候）メッシュ**を使うことも可能です．

農研機構メッシュ農業気象データをもとに，1980年と2010年の年平均気温のデータを地図に示すと，年平均気温が11℃よりも高い地域が拡大していることがわかります（図13.8）．気候変動によってヒトスジシマカの生息分布域が拡大している．つまりデング熱のリスクがあるエリアが広がっているということですね．

展開・意思決定

 ここまでは東北地方のスケールで見てきましたが，実際に蚊の対策を行うとしたら自治体レベルの空間スケールで考えるのが良いですね．

気温のメッシュデータを使ってリスクを評価するのであれば，具体的な地域をクローズアップして評価することも可能ですね．

 もう少し複雑な手法にはなりますが，国立環境研究所の統計データセットと気候モデルを使って，神奈川県を事例にヒトスジシマカの生息期間がどの程度長くなるのかを評価したマップと，リスク管理優先度マップが作成されています（図13.9）．

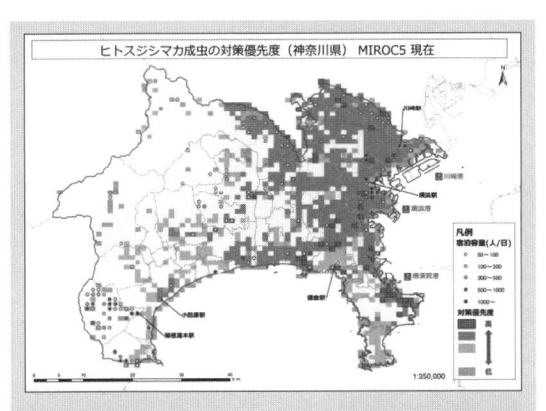

図 13.9　神奈川県におけるヒトスジシマカ成虫の対策優先度
出典：気候変動適応情報プラットフォーム[5].

この図は，気温以外にも他の要素を組み合わせて考えられていそうですが，どんな要素をいれて優先度を検討しているのでしょうか.

蚊の防除を考える上で，蚊の繁殖地かつ蚊と人との接触機会を把握することが重要です. そこで，公共の場で蚊の繁殖地と接触機会を示す要素として，緑地・公園と人口密度を重ね合わせ，集中的な防除戦略を優先的に行う地域を評価しています.

実際に感染症が発生して蚊の防除をするとなると，県全域で一斉に行うことは難しいので，対策を行うエリアを絞ることが大事ですね. 蚊の繁殖や蚊と人との接触機会が多くなると想定される場所を組み合わせて，防除戦略を優先的に行う場所を決めていくのには GIS の活用が有効的であることがわかりました.

【注】

1）アメリカ疾病予防管理センター（Centers for Disease Control and Prevention：CDC）「Areas with Risk of Dengue Dengue Around the World」https://www.cdc.gov/dengue/areaswithrisk/around-the-world.html（2024 年 5 月 14 日閲覧）.

2）Kobayashi, M., Nihei, N., Kurihara, T. 2002. Analysis of northern distribution of Aedes albopictus（Diptera: Culicidae）in Japan by geographical information system. J. Med. Entomol., 39（1）：4-11.：https://doi.org/10.1603/0022-2585-39.1.4

3）Kurihara, T., Kobayashi, M., Kosone, T. 1997. The northward expansion of Aedes albopictus distribution in Japan. Med. Entomol. Zool., 48（1）：73-77.：https://doi.org/10.7601/mez.48.73

佐藤 卓・松本文雄・安部隆司・二瓶直子・小林睦生 2012. 岩手県におけるヒトスジシマカの分布と GIS を用いた生息条件の解析. 衛生動物 63（3）：195-204.：https://doi.org/10.7601/mez.63.195

前川芳秀・比嘉由紀子・沢辺京子・葛西真治 2020. ヒトスジシマカの分布域拡大について. 病原微生物検出情報（IASR）41（6）：4-5.：https://www.niid.go.jp/niid/ja/typhi-m/iasr-reference/2522-related-articles/related-articles-484/9694-484r02.html

4）国立研究開発法人農業・食品産業技術総合研究機構「農業環境技術研究所メッシュ気候データ」https://amu.rd.naro.go.jp/（2024 年 5 月 14 日閲覧）.

5）国立研究開発法人国立環境研究所「気候変動適応情報プラットフォーム 地域適応コンソーシアム事業 成果報告 2-4「気候変動による節足動物媒介感染症リスクの評価」」https://adaptation-platform.nies.go.jp/conso/report/2-4.html（2024 年 5 月 14 日閲覧）.

13.4　野生動物の被害問題

クマなど野生動物による被害が増加しています. クマによる被害がどこで，どれほど発生しているのでしょうか？ またクマの対策では，GIS をどのように活かすことができるのでしょうか？

考え方

最近, クマの出没率が高く, 農作物被害だけでなく, 人を襲うケースも増えていますが, 何かいい対策はないでしょうか.

野生動物の出没や被害のニュースを見聞きする頻度が高いですね. 対策をする上でも, まずはどこにクマが出ているのかを把握する必要がありますね.

クマや野生動物の情報は公表されているのでしょうか.

地方自治体では, GIS の活用や**オープンデータ**の整備が進んでいます. 野生動物の情報も自治体によって提供しているところもあります.

基礎編

76

そうなんですね．早速，インターネットで調べてみると，公開している自治体が見つかったのでいくつか紹介します．

● 島根県統合型 GIS　マップ on しまね[1]
　島根県統合型 GIS マップ on しまねには，「森林・鳥獣・農林水産業」の項目があり，ここにアライグマ，ハクビシン，シカなどの目撃情報等が公開されています（図 13.10）．アライグマに関しては，生息適地の地図も提供されています．ユーザー登録を行うと，住民も情報発信することが可能です．

● 愛知県　シカ情報マップ・やるシカない！[2]
　「シカ情報マップ」と獣害対策支援アプリ「やるシカない！」は，愛知県森林・林業技術センター，森林総合研究所と民間企業，NPO 法人が連携して開発したシステムです．地域住民もシカ情報を報告でき，愛知県だけでなく全国の目撃情報や被害情報を報告，閲覧ができます（図 13.11）．また，アプリではシカ密度の現状（5 km メッシュ）や出現予測マップ（250 m メッシュ）が表示されます．

● 石川県　クマ出没分析マップ[3]
　石川県では，Google マイマップで作成したクマ出没マップが公開されています．出没要因が分析されており，地図ではその要因ごとに切替ができるようになっています．

自治体ごとによってさまざまな取り組みが行われていますね．クマの出没等の位置情報と国や地方自治体などから提供されているオープン GIS データがあれば，自分でクマの生息分布の予測ができる無償のソフトウェア「MaxEnt」があるので，実際に行ってみましょう．

実践・意思決定

まずは GIS データの収集が必要ですね．クマの出没等の情報のほか，クマの生態に関わりそうな環境情報をオープン GIS データから収集しようと思います（第 7 章参照）．

【用意するデータ】
・対象とする野生動物の出没や被害情報の分布を座標値で示した CSV ファイル
・環境省 生物多様性センター：植生調査（3 次メッシュ）
・国土数値情報：標高・傾斜度 3 次メッシュ
・国土数値情報：平年値（気候）メッシュ
・国土数値情報：道路密度・道路延長メッシュ
・国土数値情報：土地利用細分メッシュ（ラスタ版）

今回，野生動物のデータは山形県のホームページ[4]に公開されているクマ目撃マップのデータを用い，1 列目に分類対象の名称（動物名），2 列目に経度，3 列目に緯度の順に入力し，CSV ファイルを整えてみましょう．そして，クマの

図 13.10　マップ on しまね[1]

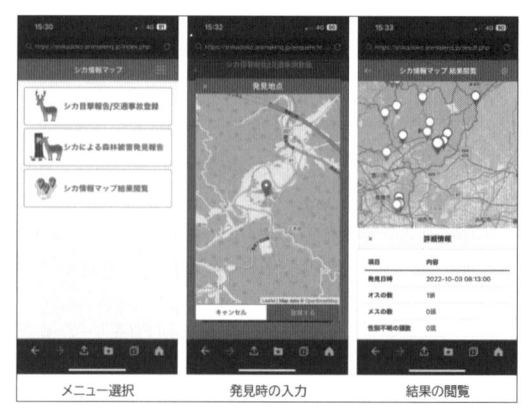
図 13.11　シカ情報マップ・やるシカない！[2]

生態と関連が考えられる環境情報を解析するためには，すべてのデータの解像度と分析範囲（領域）が統一されたラスターデータを用意する必要がありますので，さまざまな環境情報が入手しやすい**3次メッシュ**（1km）を用います．

ここで用いる解析は，ラスターデータを重ね合わせるオーバーレイ分析をし，評価地図を作るためにラスター演算をするということですね（第3章，第10章，第11章参照）．環境データの一部は，ベクターデータなので，ラスターデータに変換する必要がありますね．

そうです．ベクター形式のメッシュデータをASCII形式のラスターファイルに変換しましょう．データがすべて揃ったら，解析していきます．今回使用するMaxEntは，対象とする生物の既知の分布情報と環境情報に基づいて，その生物の生息適地を推定する手法（最大エントロピーモデル：**Maximum Entropy model**）とそれを実装したものです[5]．広範囲の生息分布を予測する手法として，環境保全分野などで使われているものです[6]（第20章参照）．

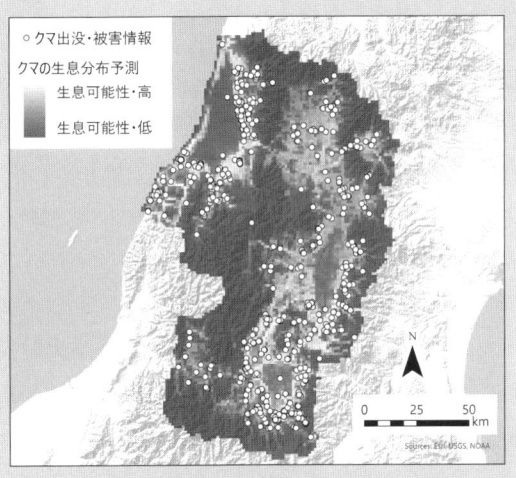

図 13.12　山形県におけるクマの生息分布予測

データを準備し，ソフトウェアを使って分析しました（図 13.12）．得られたクマの生息分布の予測結果と地形の陰影図をGISで重ねて表示すると，山地だけでなく，住宅地にも生息している可能性があることがわかります．

クマの出没情報やクマの生息分布予測を地図で可視化することによって，どこで重点的に獣害パトロールをして捕獲するのか，防護柵を設置するのか等を決めるなどの活用が期待されています．

どのように効率的に対策するのかを決めるためにGIS解析が役立つんですね．そのためにも，私たち住民も野生動物の出没や被害の情報を投稿する**住民参加型**のマップの存在も重要ですね（第16章参照）．

【注】

1) 島根県「マップ on しまね［島根県統合型 GIS］」https://web-gis.pref.shimane.lg.jp/shimane/Portal（2024 年 5 月 14 日閲覧）．

2) 愛知県 森林・林業技術センター「シカの目撃情報の提供システム「シカ情報マップ」と，獣害対策支援アプリ「やるシカない！」」https://www.pref.aichi.jp/soshiki/shinrin-ringyo-c/deer-existence-app.html（2024 年 5 月 14 日閲覧）．

3) 石川県「ツキノワグマによる人身被害防止のために」https://www.pref.ishikawa.lg.jp/sizen/kuma/navi01.html（2024 年 5 月 14 日閲覧）．

4) 山形県「ツキノワグマ目撃マップ」https://www.pref.yamagata.jp/050011/kurashi/shizen/seibutsu/about_kuma/kuma/index.html（2024 年 7 月 11 日閲覧）．

5) Phillips S.,J. and Dudík, M.（2008）Modeling of species distributions with Maxent: new extensions and a comprehensive evaluation. Ecography31:161-185.：https://doi.org/10.1111/j.0906-7590.2008.5203.x

6) 岡久雄二・岡久佳奈・小田谷嘉弥 2019. ライトセンサと Maximum Entropy Model による佐渡島におけるヤマシギ Scolopax rusticola の越冬分布推定. 日本鳥学会誌 68（2）：307-315.：https://doi.org/10.3838/jjo.68.307

※本章で使用した人物のアイコンは「いらすとや」より．

基礎編

本章のポイント

◆ GIS が私たちの日常生活や社会にどのような影響を与えているか考えてみよう.

14.1 GISの成り立ちと社会

本書のいくつかの章で紹介されてきたように, GIS は現代社会のさまざまな場面で活用されています. 現代は, 情報化しつつある社会ではなく, 情報社会と呼ばれる, 高度に情報化された社会にすでに達していて, 日本ではさらにその先を見据えた **Society 5.0** という社会を目指すことが提唱されています[1]. 地理空間情報を取り扱う GIS は, このような Society 5.0 や高度な情報社会の中で, どのような役割を果たすのでしょうか. まずは, GIS の成り立ちから, 社会との関係を考えてみましょう.

第1章で解説されているように, 1960 年代に, GIS の父と呼ばれるカナダの**トムリンソン**によって, 最初の GIS とされる**カナダ地理情報システム**（**CGIS**）が開発されました. CGIS はそれぞれの土地がどのように利用されているかを管理するためのシステムであり, 行政や政策上の活用を主目的としたものでした. 紙で管理すると, 地図や情報を修正するような場合に時間と労力を要しますが, コンピューターで管理できれば, 効率的に地理空間情報を活用できるようになります. 行政は多くの地理空間情報を持っていますので, その管理や活用が効率化されれば, 地域住民へのサービスの向上にもつながります. このような行政による GIS の利用は, GIS と社会との関係を考えるうえで重要なポイントになります.

一方, 地理空間情報は軍事的な重要機密でもあります. 例えば, 第2次世界大戦後までの日本では, 軍港周辺の地形図が刊行されませんでしたし, 基地のある場所に別の施設があるか, あるいはまったく何もないかのように偽装することも行われていました. 現在でも, 国外への地図の持ち出しが禁止されているような国があります. そのような国であるかどうかに関係なく, 地理空間情報は軍事的に活用されており, 当然のことながら, そのような場面では GIS が積極的に活用されています. GIS とよく混同される, アメリカの **GPS**（**全地球測位システム**）も, 軍事技術として長らく使用されてきて, 1990 年代になって民生利用が行われるようになりました. パソコンが一般家庭にまで普及し始める 1990 年代以前では, GIS のようなコンピューターを活用する情報システムの開発や導入には, 莫大な費用が必要でした. そのため, 予算が潤沢に利用しやすい, 軍事的な活用が初期の時代の GIS の発展を助けてきたという側面があります.

一方, 日本では, 1995 年の**阪神・淡路大震災**への対応の際に, GIS が積極的に活用され, GIS の社会的な認知度も向上しました. 災害時にはなるべく早く被害状況を把握したうえで, 救援物資を輸送したり, 救助要員を派遣したりする必要がありますが, 紙地図に手作業で書き込んでいると, 阪神・淡路大震災のように, 広範囲で大きな被害が生じた場合には, 対応が追い付かないこと

があります．GIS を使って，GIS データとして被害状況を整理することで，災害への対応を行うさまざまな部署の間で情報の共有を図ることができます．

14.2　デジタル化する地図

　Google マップのようなものも含め，GIS が一般に普及するようになって，社会はどのように変わってきたのでしょうか．単純には，従来，紙地図であったものがデジタル地図になるだけです．しかし，スマートフォンであれば画面上に地図が表示されるだけでなく，最短ルートや周りにある施設などの情報が表示されます．紙地図であれば，ルートを探すために道路地図を，お店を探すためにガイドマップを用意するというように，それぞれの目的に応じた紙地図を手元に置いておき，自分自身でそれぞれの地図から位置関係を理解し，周りに何があるかを考えていく必要がありました．スマートフォンがあれば，たくさんの紙地図を持ち歩く必要はありませんし，頭の中で地図を重ね合わせて考える必要もありません．つまり，地図がデジタル化，GIS 化することで，地図を読んで考えるという点での手間が大幅に少なくなるということになります．

　紙地図が主流であった時代には，地図を読む能力が必要不可欠で，今どこにいるのか，またどこに行こうとしていて，どのようなルートを通るのかを，目の前にある紙地図から読み取り，考える必要がありました．地図が GIS によってデジタル化し，スマートフォンの GPS と組み合わさると，地図上に現在位置が表示されますし，目的地も検索すれば地図上に表示されます．また，複数の地図の情報をレイヤーとして同じ地図上に重ねて表示できますので，周辺の施設の情報も考慮しながらルートを考えていくことができます．紙地図の時代にはできなかった，さらに便利な使い方ができるようになる，ということになりますが，

図 14.1　駅前で待機するタクシー
筆者撮影．

一方で，GIS に任せてしまって，人間が考えなくてもよくなる部分が増えてくることになります．

　このような地図のデジタル化に伴う変化の具体例として，**タクシー**について考えてみましょう．タクシーは，鉄道やバスなどと同じく，公共交通機関として，社会のさまざまな場所で利用されています．特に，鉄道やバスが利用できないような地域では，タクシーは重宝されています．デジタル化によって，タクシーの利用者にも，運転手にも大きな変化が及んでいます．タクシーの利用者について考えると，従来は，タクシーの営業所に電話をしてタクシーを呼んだり，駅前などのように，タクシーが待っている場所に行ってタクシーに乗ったり（図 14.1），空車のタクシーが走っていそうな場所に行ってタクシーを拾ったりするようなことが行われていました．スマートフォンが普及し，地図もデジタル化すると，スマートフォンのアプリで地図を見ながら，自宅の近くなど，指定した場所にタクシーを呼ぶようなことができるようになっています．一見すると便利になったといえますが，細かく考えると，タクシーが走っていそうな場所を探す，という地理的な考え方をしなくても良いということになります．

　一方，タクシーの運転手にとっては，スマートフォンの地図アプリやカーナビを利用することで，目的地までのルートを検索することができます．それまでは，利用者から伝えられた地名や施

設名をもとに，その場所を探し出して，その場所
までの最短のルートを考えるということを，頭の
中で処理していました．GISでいえば，**アドレス
マッチング**のように地名や施設名をデータベース
から検索して，その場所を緯度経度で特定したう
えで（第6章参照），**ネットワーク分析**（第12章
参照）を行うということをしていたわけです．さ
ながら人間GISともいえそうな役割を，タクシー
の運転手はしていたわけですが，地図がデジタル
化することで，その部分をスマートフォンが担う
ようになりました．アドレスマッチングやネット
ワーク分析を行うためには，地名や施設名と位置
情報の対応関係のデータと，道路網のネットワー
クデータが必要になりますが，スマートフォンで
それを代替できるとなると，タクシーの運転手に
は，そのような知識は不要になります．実際，東
京，神奈川，大阪の各地域でタクシーの運転手に
なるためには，地理試験と呼ばれる，特定の施設
名の位置や，ある場所から別の場所までのルート
について問われるテストに合格する必要がありま
した．しかし，2024年3月にこの地理試験は廃
止されました[2]．この背景の1つがスマートフォ
ンなどの地図アプリや，利用者がタクシーの乗車
場所を指定できるようなアプリの登場という，地
図のデジタル化です．人手不足が深刻になってい
るタクシー業界では，地理試験の廃止によって，
運転手が増えることを期待しています．

　このように，タクシーの例を見ても，GISの登
場による地図のデジタル化が社会に与える影響
は非常に大きいといえます．近い将来，タクシー
運転手に道を聞いても，答えてくれなくなるかも
しれません．もっと状況が進むと，交番などで道
案内を頼んでも，自分のスマートフォンを調べて
ください，と返されてしまうかもしれません．し
かし，GISを使うことができない人，あるいはス
マートフォンを使うことができない人がいるとい
うことも考える必要があります．総務省が2022
年に実施した通信利用動向調査によれば，スマー

表14.1　2022年のスマートフォン・携帯電話の世帯単位での保有率（%）

		モバイル端末	携帯電話	スマートフォン
全体		97.5	33.8	90.1
世帯主の年齢	20〜29歳	99.9	14.8	97.8
	30〜39歳	99.7	20.1	98.6
	40〜49歳	99.7	30.1	98.1
	50〜59歳	99.5	30.7	97.3
	60〜69歳	98.5	33.8	93.0
	70〜79歳	96.1	45.4	81.6
	65歳以上	94.1	46.2	78.1
高齢者のみの世帯		91.6	44.3	70.7

※モバイル端末の保有率は，携帯電話かスマートフォンのうちのいずれか1種類以上を保有している場合の値．
出典：総務省「通信利用動向調査」．

トフォンもしくは携帯電話のいずれかを持って
いるというモバイル端末の世帯単位での保有率
は97.5%に達しており，ほとんどの家に，外で電
話ができる環境があるということになります（表
14.1）．ただし，スマートフォンに限れば，全体で
90.1%という保有率ですが，世帯主が65歳以上
の世帯では78.1%となっていて，世帯主が高齢で
あるほど，スマートフォンの保有率は低くなって
います．特に，高齢者のみの世帯であれば，保有
率は70.7%です．社会の利益のために高齢者のみ
の世帯の3割弱を無視して良いのかは議論が分か
れるかもしれませんが，これらの世帯も社会の一
員であることは確かですので，GISと社会の関係
を考えるうえでは無視できない数字でしょう．

14.3　Society5.0時代のGIS

　Society5.0時代には，国や自治体が中心となっ
て公開している，**オープンデータ**（第16章参照）
がGISを支える基盤になっています．
　国土交通省が整備している，3D都市モデルで
ある**PLATEAU（プラトー）**[3]は，オープンデー
タとして公開されている3Dデータであり，GIS
データでもあります（図14.2）．3D技術は，ゲー
ムや動画など，今では非常に身近な存在になって

図 14.2　PLATEAU（東京駅周辺）
出典：国土交通省 [3].

います．PLATEAU には，建物の形と高さのデータだけでなく，実在の建物の外観の写真を利用して作成した詳細な 3D データもあり，現実の都市景観を GIS ソフトや 3D ソフト上で再現することができるようになっています．PLATEAU のデータを使うことで，現在と将来の両方の街のすがたを考えながらまちづくりを進めたり，災害が発生した場合のシミュレーションをリアルな 3D 映像として再現したりすることができます．また，実際の都市を舞台としたゲームの開発も可能です．**AR（拡張現実）**技術を利用すれば，スマートフォンをかざしながら，実際の景色の中に PLATEAU の 3D データを表示させることができます．また，**VR（仮想現実）**技術を通して，PLATEAU の 3D データを利用してメタバース内に現実の街並みを再現して，3D のアバターで街を探検するようなこともできるでしょう．現実の街並みを 3D データ化して，オープンデータとして利用しやすくするこ

とで，行政での利用だけでなく，民間企業や一般市民を含めて，多種多様な人々による活用が見込めるようになります．

Society5.0 時代を考えるうえでは，**スマートシティ**という考え方も重要になります．スマートシティは，都市のあらゆる部分に ICT を活用し，さまざまな課題の解決を図ることができる都市で，その実現に向けた取り組みが行われています．PLATEAU もスマートシティを 3D で表現するための手段の 1 つといえるでしょう．例えば，みなさんが持っているスマートフォンには，さまざまなセンサが搭載されています．これらの位置や動きのデータを収集することで，都市の中でどのように人々が移動するのかを知ることができます．このような人々の移動についてのデータは，人流データと呼ばれ，コロナ禍での繁華街の混雑度合いを計測することにも利用されました．交通機関の利用に用いられる IC カードも，改札などの通

過ポイントごとのデータを蓄積すれば，人流データのように利用することもできます．また，スマートシティでは，電気やガスなどの利用状況もデジタルデータとして収集され，分析されます．そうしたデータからは，どのような時間に電気などの利用が増え，どのように使われるかがわかりますので，都市のエネルギー管理を効率的に行うことができます．

　一方で，スマートフォンや都市にあるさまざまな装置を通して，人々の行動は地理空間情報というデジタルデータを通して管理されることになります．便利になることは社会にとっては良いことではありますが，地理空間情報を組み合わせれば個人の特徴や行動を特定しやすくなります．そう考えると，少し怖いと感じる人もいるのではないでしょうか．また，タクシーの例のように，地図のデジタル化が進むことで，GIS が人間の仕事を奪うことにもつながっています．AI が人間の仕事を奪うことで，将来，特定の職業がなくなってしまう，という危険性は近年，よく指摘されるようになりましたが，GIS のような技術もそうした問題を引き起こしています．

　加えて，GIS に触れることができる身近な装置であるスマートフォンも，高齢者であれば 2 割ほどが保有していない現状を考えると，これらの人たちは GIS の恩恵を受けることが難しいといえます．GIS に触れることができる状況を当然のものとして考えてしまうと，あるいはスマートフォンを通して得られる地理空間情報が世の中のすべてであると考えてしまうと，これらの人たちを取り残すことになってしまいます．

　GIS が社会を変えることは確かですが，社会を構成するのは人間です．GIS だけでなく，ICT が社会にもたらすメリットは非常に大きいものですが，GIS によって地図がデジタル化され，地理空間情報として身の回りのさまざまな情報が GIS に管理されるという状況に注意を払うことも必要でしょう．

💡 **課題**

・日常生活の中で，どのような場面に GIS が使われているのかを考えてみましょう．

・GIS が使われている場面で，もし，GIS が使えなくなってしまったらどうなるか，考えてみましょう．

【注】

1) 内閣府「科学技術政策」https://www8.cao.go.jp/cstp/society5_0/（2024 年 5 月 13 日閲覧）.

2) Web Cartop「タクシードライバーになるための「地理試験」が廃止！　今後は「道を知らない運転士」が激増の可能性も」https://www.webcartop.jp/2024/04/1327220/（2024 年 5 月 13 日閲覧）.

3) 国土交通省「PLATEAU VIEW 3.0」https://plateauview.mlit.go.jp/（2024 年 5 月 13 日閲覧）.

Memo ✎

第15章　WebGIS・クラウドGIS

◆ GISにインターネットが結び付くことで生まれたWebGISやクラウドGISが，GISの可能性をどのように広げるのかについて理解しよう．

15.1　GISとインターネット

　1990年代に入ると，パソコンが一般家庭にも普及するようになりました．パソコンを紹介するテレビCMも放映されるようになり，家電量販店の店頭にパソコンが並べられるようになりました．この時代は，GISソフト自体が高価であるだけでなく，このような家庭用のパソコンでは十分に動作せず，業務用のコンピューターが必要でした．1990年代の後半になると，家庭用パソコンの性能も向上しただけでなく，インターネットも社会に普及し始めました．2000年代に入ると，GISソフトも改良が進み，そのような家庭用パソコンでも動作するようになってきましたが，インターネットが普及するとともに，インターネットを通して動作するGISである，**WebGIS**の開発が進むようになりました．

　WebGISは，名前の通りWeb（インターネット）上で動作するGISです．ただし，インターネットというネットワークそのものの上で動作するというわけではありません．まずは，ネットワークの基本的な構成から説明しつつ，WebGISについて考えてみましょう．ネットワークに接続されたコンピューターには，大きく分けて**サーバー**と**クライアント**の2種類があります（図15.1）．クライアントは，ネットワーク上で通信されるデータを受け取る側のコンピューターです．私たちが普段使うパソコンやスマートフォンは，たいていは

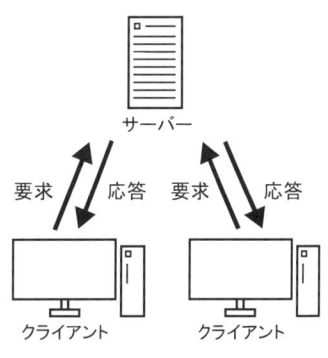

図 15.1　サーバーとクライアント

クライアント側です．一方，サーバーは，通信されるデータを発信する，送り出す側のコンピューターです．例えばクライアント上のブラウザで，GoogleやYahooなどのウェブサイトを見ようとすると，クライアントからサーバーにデータが要求され，それへの応答としてデータがクライアントにダウンロードされ，ブラウザに表示されるということになります．

　このようなネットワーク上でのWebGISの働きは，主にサーバー側のものとなります．つまり，GISデータやその処理，GISデータに対するさまざまな空間分析は，すべてサーバー上で行われ，その結果としての地図やデータをクライアントにダウンロードするという形式です．そのため，クライアント側のコンピューター上で動作させる，**スタンドアロン**のGISソフトと比べると処理が遅く，WebGISは，多くの処理が可能なGISという位置づけではありませんでした．

2005 年になると **Google マップ**が登場します．Google マップが革新的であったのは，全世界の地図データや衛星画像データを見ることができたという点だけではなく，Ajax という非同期通信技術が使われていた点にもあります．WebGIS をはじめ，それまでのインターネットでは，あるページが表示されているときに，新しい情報を読み込むためには，リンクをクリックしたり，ボタンを押したりして，新しい情報を含んだページを読み込み直す必要がありました．Ajax を使うと，ページ全体を読み直すことなく，新しい情報のみをクライアントからサーバーに要求してダウンロードし，表示することができるようになりました．これによって，ズームして詳細な地図を表示したり，スクロールして他の地域の地図を表示したりするような動作が，まさに Google マップのように簡単になりました．もちろん，そのような Ajax の技術は WebGIS にも取り入れられるようになり，操作性は飛躍的に向上しました．

15.2　WebGISからクラウドGISへ

2000 年ごろまでは，通常の電話回線を通してインターネットを利用することが多かったのですが，通信技術の発展とともに，より高速な回線が使用されるようになり，2000 年代後半からは ADSL や光ファイバーが急速に普及するようになりました．また，携帯電話でもインターネットができるようになり，通信速度も向上していっただけでなく，2000 年代後半にはスマートフォンも登場し，クライアントとしての携帯端末の性能も大きく向上してきました．このような技術革新は 2010 年代にも続き，現在では，インターネットやスマートフォンは私たちの生活に欠かせないものになっています．

このような技術革新の中で，**クラウド**と呼ばれる概念が 2000 年代の終わりから注目されてきました．クラウドとは雲のことであり，クラウド

サービスやクラウドコンピューティングというような言葉が IT 業界などでよく使用されます．クラウドサービスやクラウドコンピューティングというのは，簡単にいえば，インターネットを介して，データ処理などのさまざまなウェブサービスを提供する仕組みのことを指します．サーバーとクライアントの関係でいえば，サーバーが丸々クラウドに置き換わったようなものです．ただし，クラウドは 1 つのサーバーから構成されるということは少なく，多くの場合，ストレージと呼ばれるデータを配置する場所がクラウド上にあり，すべての処理がクラウド上で行われるかたちになります．その結果をクライアント側にダウンロードすることもできますが，ブラウザを使って処理結果のデータを確認したり，さらに加工したりするようなことができるものもあります．データの管理や加工，分析，視覚化など，多様な処理をクラウド上でできるようにパッケージ化されたものがクラウドサービスなどと呼ばれています．

クラウドの利点は，クライアントの環境に依存しないことにあります．例えば，私たちが利用するパソコンには Windows や Mac がありますが，ソフトによっては Windows でしか動作しないものや，Mac でしか動作しないものがあります．また，スマートフォンもクライアントとして使用されることがありますが，これにも Android と iPhone があり，それによって動作するアプリも違います．すべての環境に対応したソフトやアプリを開発することは大変です．クラウドにすることで，インターネットのブラウザから閲覧できるようにしておけば，どの環境からでもアクセスできるようになります．

このようなクラウドは，時代とともに進化してきた WebGIS をさらに大きく変化させました．**クラウド GIS** では，クラウド上に GIS データを配置でき，空間分析や GIS データの処理はもちろん，インターネットを利用した GIS データの配信などもできるようになっています．クラウド上に GIS

が備わることで，従来の WebGIS とはまったく異なり，場合によってはクライアントのコンピューター上で動作するスタンドアロンの GIS よりも豊富な機能を使いこなせるようになっています．

15.3　クラウド GIS の活用

クラウド GIS ではどのようなことができるのでしょうか．クラウド GIS としてよく知られる，米国 Esri 社の **ArcGIS Online**[1] を一例として解説しましょう（図 15.2）．

まず，ArcGIS Online では，クラウド上のストレージに，GIS データを配置しておくことができます（図 15.3）．これについては，Google ドライブやマイクロソフトの OneDrive，Apple の iCloud のような通常のクラウドサービスとあまり変わりません．広く一般に公開したり，特定の他のユーザーとだけ共有したりすることもできます．次に，クラウドのストレージ上に置いてある GIS データについては，**2D** の地図である「マップ」（図 15.4）と，**3D** の地図である「シーン」（図 15.5）

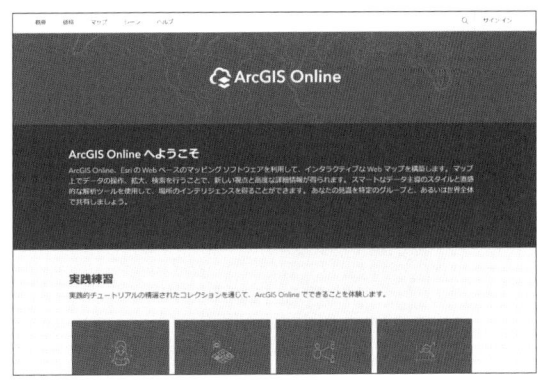

図 15.2　ArcGIS Online のトップページ
出典：ArcGIS Online[1].

図 15.3　クラウド上のデータの例
出典：ArcGIS Online[1].

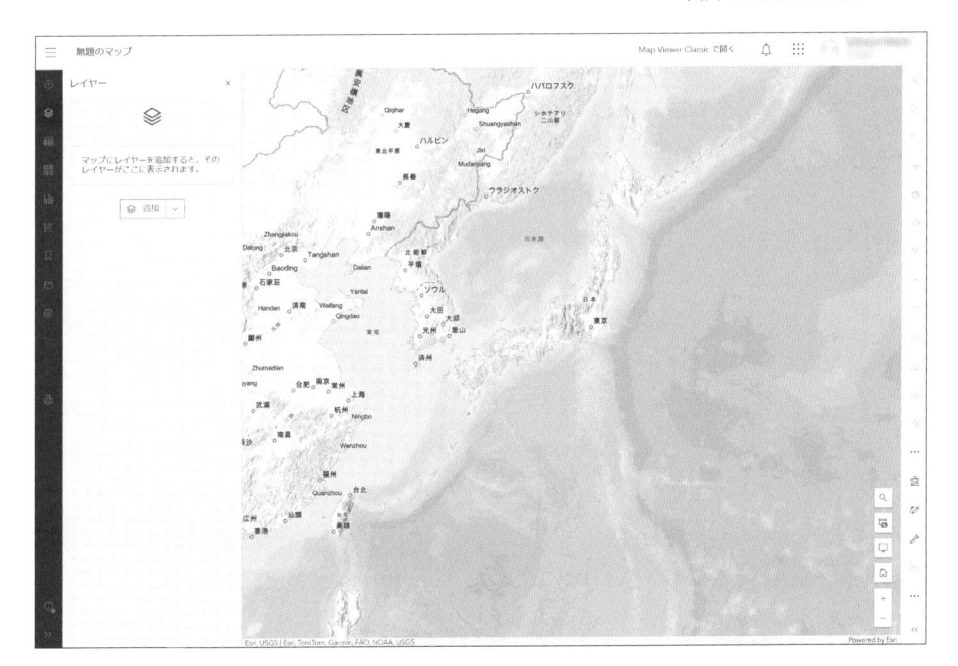

図 15.4　ArcGIS Online の「マップ」（2D）
出典：ArcGIS Online[1].

応用編

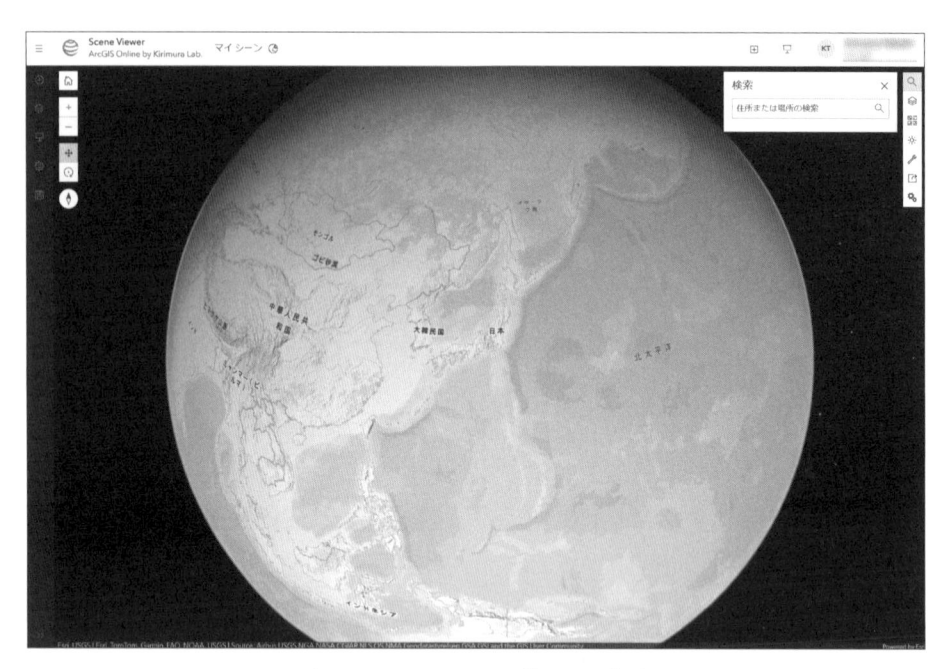

図 15.5　ArcGIS Online の「シーン」（3D）
出典：ArcGIS Online[1].

の両方で表示することができます．「マップ」は Google マップのように 2D の通常の地図で，普通の GIS ソフトと同じように，データに応じて色分けして表現したり，大きさを変えて表現したりすることができます．3D である「シーン」もブラウザ上で表示でき，Google マップの 3D 表示のように，自由な視点から景色を観察したり，「マップ」のように，統計データなどを 3D で表現したりすることができます．また，「マップ」上では，空間的な分析を行うことも可能です．バッファを作成するような簡単なものから，データが集中する範囲を特定するような空間統計学的な処理も行うことができるようになっています．高度な解析には，「クレジット」と呼ばれる，事前購入する必要があるポイントのようなものが必要になりますが，用途によっては，スタンドアロンの GIS ソフトを買わなくても十分かもしれません．

　空間分析を行った結果や，いくつかのデータを重ね合わせた結果から作成した，2D の「マップ」や 3D の「シーン」を，他の人に共有したいと思ったら，どのようにすれば良いでしょうか．

出来上がった「マップ」や「シーン」をそのまま見せるだけでは，相手に読み取ってほしいことを理解してもらうことができないかもしれません．ArcGIS Online では，そのような場合に利用できる，説明付きのプレゼンテーションとして，**ストーリーマップ**と呼ばれる仕組みが利用できます．ストーリーマップでは，地図と説明文を 1 つの画面の中に組み合わせて表示することができ，通常の「マップ」などと同じように，ストーリーマップ上でも地図の操作ができるようになっています．図 15.6 は，防災科学技術研究所が雨・風・雷・ひょうについてのリアルタイムの情報をまとめ，重ね合わせて公開している，「ソラチェク」[2] です．左側のそれぞれの項目をクリックすると地図が切り替わるだけでなく，それぞれの地図でも上のボタンでレイヤーを切り替えることができます．

　ストーリーマップ以外でも，「マップ」や「シーン」のテンプレートを利用することで，特定の目的に特化させたオリジナルのウェブアプリケーションを作成して，地図を相手に見せることができます．また，ウェブページは本来，クライアン

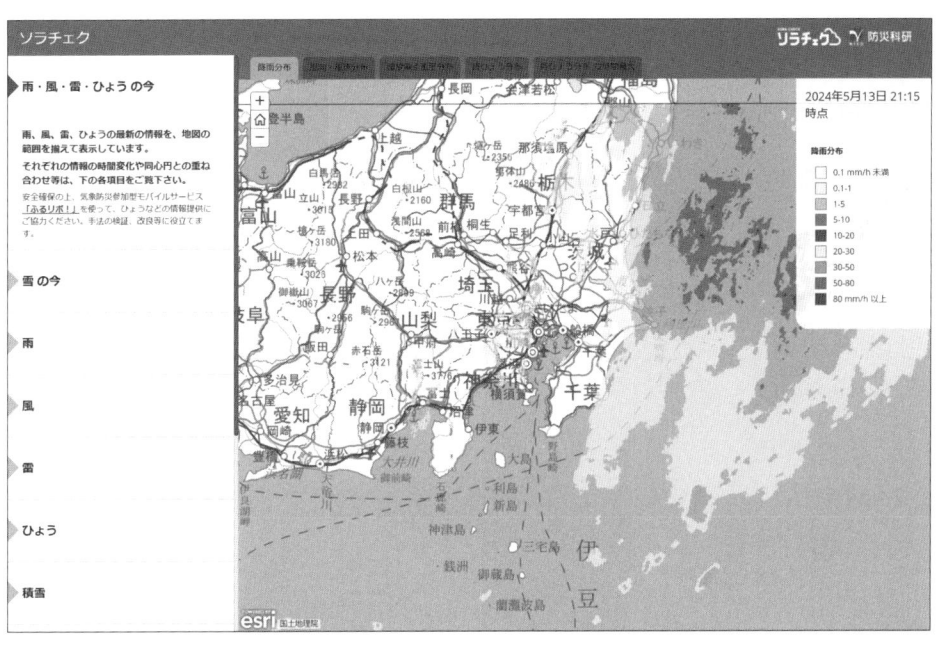

図 15.6　ArcGIS Online のストーリーマップの例「ソラチェク」
出典：防災科学技術研究所[2].

トの環境によって表示のされ方が異なり，ウェブページを作る場合，それぞれに自分で対応する必要がありますが，ArcGIS Online で作成できるストーリーマップやウェブアプリケーションでは，その点については特に考慮しなくても，すでにテンプレートが対応していることのほうが多いため，手間をかけずにインターネットを通した情報発信が可能になっています．作成したストーリーマップやウェブアプリケーションは，URL を通して SNS などで共有できますので，一般公開も簡単です．

　スタンドアロンの GIS ではできないような，インターネットを利用するクラウド GIS ならではの機能もあります．Survey123 という ArcGIS Online 上のサービスでは，Google フォームや Microsoft Forms のような調査票（フォーム）を作成することができます（図 15.7）．クラウド GIS ですので，はい／いいえ，①／②／③のような選択形式の質問だけでなく，地図を利用して，場所を尋ねるような質問も設けることができ，調査結果をすぐに GIS データとして利用することがで

きます．もちろん，スマートフォンで撮影した写真をアップロードするようなこともできます．フォームから回答されたデータは，自動的にクラウド上のストレージに蓄積されますので，「マップ」を使って調査結果を確認したり，ウェブアプリケーションで調査結果をリアルタイムに公開したりすることもできます．

　クラウド GIS は，インターネットが必要不可欠な GIS で，サーバー上で処理されたデータや分析結果を確認するだけでも，インターネットを利用して行う必要があり，その際にはブラウザが利用されます．一見すると，このような部分は手間にも見えますが，少し手を加えれば，一般の利用者にもそれらの結果を見せることができます．つまり，インターネットを利用して，GIS を使った分析結果や 3D の地図を一般に公開したいという目的があるのであれば，クラウド GIS を利用することで，特別なサーバーを自分で準備することなく，実現できるということになります．クラウド GIS が登場する前の WebGIS の時代であれば，ウェブページを発信するウェブサーバーと，GIS データ

88

図 15.7　Survey123 で作成した飲料自動販売機の調査フォーム

を処理するサーバーが少なくとも必要でしたし，ウェブサーバーはレンタルできても，GIS のサーバーは自分で準備する必要がありました．そのような手間が省かれることで，多くの人々が自ら地理空間情報を活用して，情報発信をしていくことができるようになったのです．

　今後は，クラウド GIS の機能がますます拡充されるようになり，スタンドアロンの GIS との境目はあいまいになるでしょう．現時点でも，スタンドアロンの GIS ソフトである ArcGIS Pro から，クラウド GIS の ArcGIS Online にある空間分析サービスを利用できるようになっています．通信速度の向上や通信技術のさらなる発展を背景として，クラウド GIS のほうがむしろ，普通の GIS として扱われるような時代がやってくるかもしれません．

💡 課題

・ArcGIS Online のウェブサイトにアクセスして，マップを開いて操作してみましょう．

・ArcGIS Online のクラウド上にある GIS データを，マップで検索してみて，自分のマップ上に表示してみましょう．

【注】

1）米国 Esri 社「ArcGIS Online」https://www.arcgis.com/home/index.html（2024 年 4 月 29 日閲覧）.

2）防災科学技術研究所「ソラチェク」https://isrs.bosai.go.jp/soracheck/storymap/（2024 年 5 月 13 日閲覧）.

第16章 オープンデータと参加型GIS

本章のポイント

◆ GISデータを使用しやすくするためのルールや仕組みについて理解しよう.
◆ オープンデータとしてのGISデータと,それに関連した参加型GISの特徴を理解しよう.

16.1 GISデータは誰が作ってきたか

GIS データは,GIS の歴史からも想像できるように,政府の軍関係の機関や行政機関によって作られてきました.例えば日本の地形図は,現在は国土交通省の国土地理院が測量し,刊行しています.国土地理院の前身は地理調査所で,戦前は陸軍の陸地測量部でした.また,GIS データとしても用いられる統計データは,国や行政が実施した統計調査の結果です.民間企業が作る GIS データもあります.ゼンリンの住宅地図などはその代表的な例といえるでしょう.ゼンリンからは,紙の住宅地図だけでなく,住宅地図の GIS データも販売されています.マーケティングに用いるために,さまざまな商品の消費額を推計したような GIS データなど,民間企業での使用が想定される,多種多様な GIS データが販売されています.

このように,GIS データの多くは,国や行政機関,民間企業によって作成されてきました.GIS を使って,さまざまな地図を作るためには,これらの GIS データの使用が必要不可欠です.それでは,地図を作って広く一般に公開してみたとしましょう.SNS を使えば多くの人々にすぐに見てもらえるかもしれません.しかし,ここで大きな問題が発生します.それは権利の問題です.地図に使った GIS データが,自分自身で作成したものであれば問題ありませんが,国や行政機関,民間企業などが作成した GIS データを使用して

いるのであれば,**再配布**が可能かを考える必要があります.また,例えば商品として地図を販売したり,商業的な宣伝のために地図を使用したりするような,商業的な使用の場合,再配布ができないというケースもあります.特に,民間企業が作成・販売している GIS データの場合,そのような制限は非常に厳しくなることが多くなります.一方,国や行政機関が提供する GIS データの場合,商用利用でなければ,作成元を明記すれば使用できることが多く,比較的使用されやすい状況といえます.

16.2 クリエイティブコモンズライセンス

2000 年代に入り,ICT 技術の進歩によって,情報化社会から情報社会へと本格的に突入し始めると,データが持つ価値に社会的な注目が集まるようになりました.ビッグデータやデータサイエンスという言葉が世間で注目されるようになったのも,少なくとも日本では 2000 年代以降です.より高速化するインターネット上に,日々多くのデータが流れ,それらがサーバー上に蓄積するようになる中で,利用価値の高いデータを活用する際にネックとなったのは,前述の権利関係やデータ形式の問題でした.

特に権利関係については,データの作成者それぞれが,他者に使用させやすい(場合によっては使用させにくい)ように,使用のためのさまざま

な条件を設定していました．それぞれのデータを
使用するためには，それぞれの条文を詳しく読み
ながら，使用できるかどうかを判断していくこと
になりますが，使用するデータが多くなると，膨
大な作業が必要になりますし，あるデータの条件
を守ると，別のデータの条件が守れない，という
ことも起こってしまいます．このような権利関係
の問題をある程度クリアにし，データを使用しや
すくするために，**クリエイティブコモンズライセ
ンス**という考え方が提唱されています．

　クリエイティブコモンズライセンスは，著作物
を配布する際に著作者が定めるルール（ライセン
ス）です[1]．クリエイティブコモンズライセンス
には複数の種類があり，権利を主張する程度に
よって異なります（図16.1）．すべての権利を主
張するのが一番下のCです．一般のコピーライ
ト表記と同じ記号です．CCはクリエイティブコ
モンズを示すもので，人の記号は，誰によって著
作されたのかを表示するという意味で，アルファ
ベットではBYと表記されます．ドルマーク（日
本では円マーク）にスラッシュが入った記号は，
商用利用を禁止する（**非営利**）ということを意味
します．アルファベットではNCと表記されます．

=は，再配布される際には同一であることを求め
るもので（**改変禁止**），NDと表記されます．丸まっ
た矢印は継承という意味で，再配布される際に
は，同じライセンスを継承して再配布する必要が
あるというものです．SAと表記されます．記号
ではそれぞれの組み合わせが用いられますが，ア
ルファベットであれば，「CC BY-SA」（**表示・継
承**）などの表記が付けられます．BYがあれば著
作者名を表示する必要があり，NCがあれば営利
目的では使用できないことになりますが，単なる
「**CC BY**」であれば，このデータを商用で使用で
きますし，それによって作成したデータを公開す
る際に，他の利用者に改変を禁ずることもできま
す．「**CC BY-SA**」であれば，商用利用はできても，
作成したデータを配布する場合には，同様に「CC
BY-SA」ライセンスで配布する必要があります．

　図16.1には，「0」という記号もあります．これは，
権利を主張しないもので，**パブリックドメイン**と
呼ばれるものです．「**CC0**」と表記することもあ
ります．パブリックドメインであれば，著作者の
情報を表示する必要もありませんし，再配布する
際に商用利用しても構わないことになります．パ
ブリックドメインには，著作者が権利を放棄して
パブリックドメインとなったものと，各国の法律
上で，著作権の保護期間が切れてパブリックドメ
インになったものの両方があります．日本の場合，
著作権の保護期間は，原則として，著作者の死後
70年間となっています．企業や団体などの名義
であれば，公表後70年となります．

　データを使用する際には，このようなライセン
スにも注意していく必要があります．

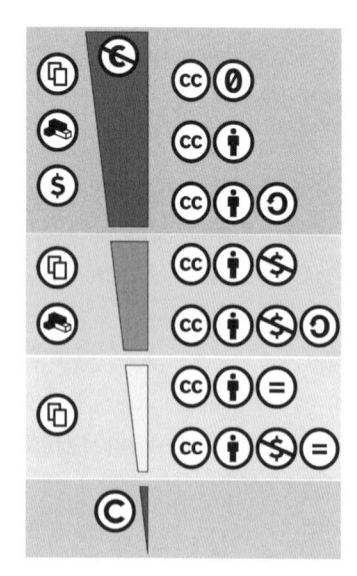

図16.1　クリエイティブコモンズライセンスの種類
出典：Shaddim 氏による作成．

16.3　GIS とオープンデータ

GIS に話を戻しましょう．世の中にはさまざまな GIS データが登場するようになりましたが，権利関係もさまざまで，使用しづらい状況がありました．しかし，クリエイティブコモンズライセンスの考え方を使えば，問題はそれほど大きくはありません．権利関係がわかりやすくなり，より多くの GIS データを使用できる状況になったのです．

一方，国や行政機関は，特定の地域を管轄して統治する関係上，その地域の地理空間情報を豊富に保有しています．しかし，さまざまな事情から，国土地理院が作成してきた数値地図という GIS データや，総務省統計局が公開する統計関連の GIS データなどを除けば，国や行政機関が GIS データを積極的に公開する状況ではありませんでした．特に，都道府県や市町村のレベルではほとんどそのような取り組みは行われていませんでした．国や行政機関が内部に持っている膨大な量の地理空間情報が GIS データとして使用できるようになれば，新しい学術研究や，民間企業の新しいサービスの開発ができるようになるかもしれません．2010 年代になると，地理空間情報を含めた，そのような価値のあるデータを，可能な限り公開して，一般市民に使用してもらうような仕組みが求められるようになりました．

オープンデータという言葉は，データそのものだけでなく，そのような国や行政機関，あるいは関連する民間企業が持つデータを共有される財産とみなし，なるべく多くのデータがオープンになり，自由に使用できるようにするための取り組み全体を指します．2013 年には，イギリスで開催された G8 サミットで各国首脳が**オープンデータ憲章**に合意しており，それ以降，オープンデータへの取り組みが世界的に進むようになりました．オープンデータ憲章は，以下の 5 つの原則からなっています[2]．

　①デフォルトでのオープンデータ

　②質と量

　③すべての人が使用できる

　④ガバナンス向上のためのデータの公開

　⑤イノベーションのためのデータの公開

①のデフォルトでのオープンデータとは，データの重要な価値を認識し，国や行政機関が持つデータをオープンデータとすることを標準として取り組むというものです．②の質と量は，より多くの量のデータを，より高品質に公開するというものです．③のすべての人が使用できるについては，読んで字のごとく，すべての人が使用できるようにすることを指します．これについては少し深く考えてみましょう．

例えば，ある都道府県がデータをオープンデータとして公開する場合，そのデータにアクセスしても良い条件として，その都道府県に税金を払っている人に限ったとしましょう．都道府県民から収められた税金によって作成されたデータであれば，一理あると考えるかもしれません．しかし，その都道府県に居住していても，税金を免除されていたり，収入がなく，支払う必要がなかったりする場合もあり，そうした人々はこのデータにアクセスできないことになります．また，都道府県庁でしか公開しない，という方法をとると，近くに住む人はいつでもデータにアクセスできますが，遠くに住む場合には，時間とお金が必要になり，場合によってはデータへのアクセスをあきらめることになります．すべての人が使用できるようにするためには，そうした条件を設けずに，誰でもいつでもアクセスできる仕組みが必要になってきます．現状では，インターネットを利用した公開が，その点では最も平等な仕組みと考えられていて，多くの国や行政機関で採用されています．なお，クリエイティブコモンズライセンスとの関係でいえば，すべての人が使用できるようにするために，オープンデータは「CC0」（パブリックドメイン）か「CC BY」，「CC BY-SA」で公開されることが一般的です．

④と⑤は文言が少し似ていますが，④について
はガバナンスですので，主に国や行政に向けて，
その改善を促すためにデータ公開をしようという
ものです．さまざまなデータが公開されることで，
密室や独断で決めるような政治ではなく，民主的
でより良い政策決定を行っていくことを目指すと
いうものです．⑤はデータを活用したイノベー
ションを目指すために，オープンデータについて
のリテラシーの向上を図ってオープンデータの価
値をさらに高めるとともに，コンピューターで処
理しやすい形式でデータを公開することで，オー
プンデータがさらに活用されるようにするという
ものです．

　現在では，多くの国々の政府や地方の行政機関
などで，オープンデータを公開するためのポー
タルサイトが構築されています．当然のことな
がら，その中には地理空間情報も含まれますし，
GIS ソフトでそのまま使えるような GIS データも
あります．例えば図 16.2 は，イギリス政府のオー
プンデータポータルです[3]．シンプルな見た目の
ページですが，キーワードで検索したり，カテゴ
リから選んだりすることができます．データの形
式を指定して検索することもできます．図 16.3 は，
大ロンドン庁（Greater London Authority）という

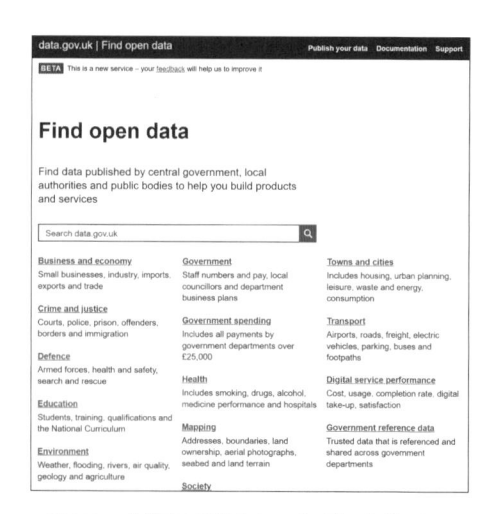

図 16.2　イギリス政府のオープンデータポータル
出典：data.gov.uk[3]．

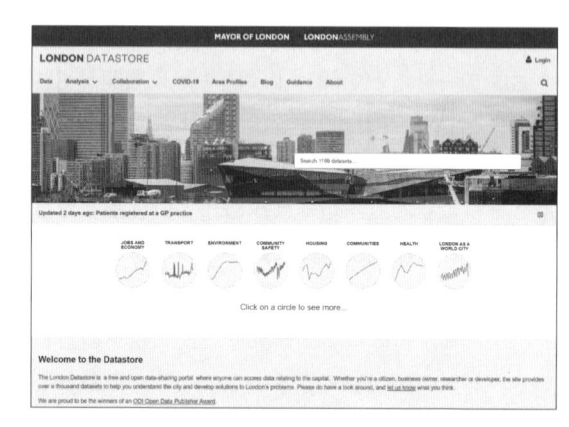

図 16.3　大ロンドン庁のオープンデータポータル
出典：London Datastore[4]．

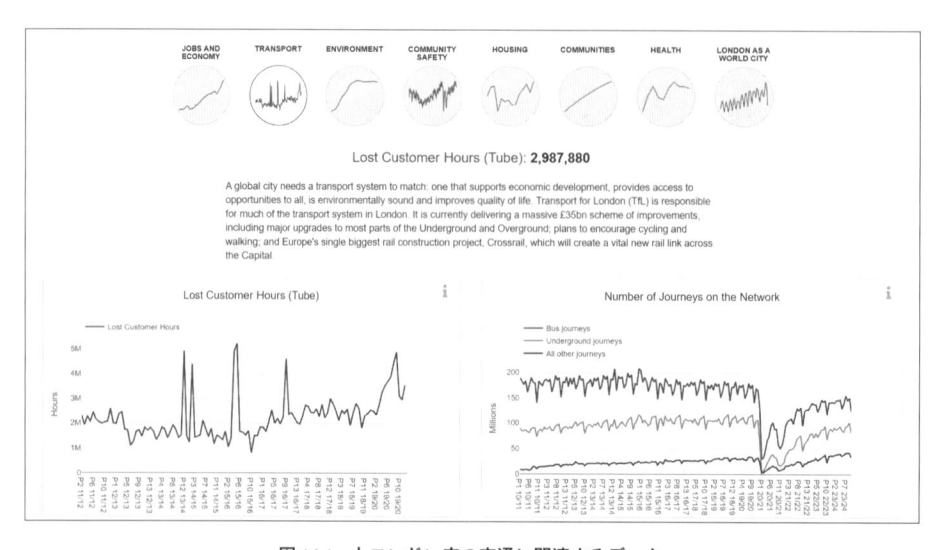

図 16.4　大ロンドン庁の交通に関連するデータ
出典：London Datastore[4]．

ロンドンの都市圏全体を統括する行政機関のオープンデータポータルです[4]. イギリス政府のものと同じように，データ検索もできますが，仕事・経済，交通，環境などのボタンがあり，いずれかをクリックすると，関連するデータがグラフなどで表示されるようになっています(図16.4). データを検索すると，国勢調査結果のデータや，洪水リスクのある範囲のデータなど，GIS データとしてダウンロードできるものもあります.

　日本はどうでしょうか. 日本政府も同様にオープンデータポータルを作成していますし，東京都[5] などの都道府県や京都市などの市町村もオープンデータポータルを作成しています（図16.5）. すべての自治体がそうしたポータルを備えているわけではありませんが，多くの自治体が，自らのウェブサイト内で，オープンデータとしてデータを公開しています. GIS データはそれほど多くはありませんが，住所を含むようなデータがあれば，アドレスマッチング（第6章参照）を利用することで，GIS データとして地図化することもできます.

図 16.5　東京都のオープンデータポータル
出典：東京都[5].

図 16.6　OpenStreetMap
出典：OpenStreetMap[6].

16.4　OpenStreetMapと参加型GIS

　オープンデータの取り組みが進むことで，オープンデータとして公開される地理空間情報も多くなってきて，使用しやすい GIS データも増えてきました. しかし，さまざまな地図を描くには，すべての人が使用できるような GIS データはまだまだ不足しています. 極論をいえば，地図は民主的なものではなく，権力者によって描かれるものと考えることもできるかもしれません. そこで，より民主的に，誰でも自由に使うことができる地図の開発を目指して，**OpenStreetMap（OSM）**（図16.6）という取り組みが進められています[6]. OSM は，イギリスの OpenStreetMap 財団によっ

てその活動がサポートされています. OSM の活動に参加したければ，自分でアカウントを作成すれば良いだけです. アカウントが作成できたら，地図の作成方法を理解したうえで，衛星画像を参照するなどして，地図を作成していくことができます. 誰が作ったかわからないような地図データでは精度が低いのではないかと疑ってしまうかもしれませんが，Wikipedia のように，多くの参加者が作成された地図データを確認することになりますので，品質は徐々に改善されていくことになります.

　OpenStreetMap で作成されたデータは，オープンデータとして使用でき，「CC BY-SA」ライセン

スで公開されています．そのため，基本的には，著作者を明記すれば，商用利用でも無料で利用できることになります．例えば，ゲームソフトの「ポケモン GO」[7] では，OpenStreetMap が地図データとして使用されています．Google マップのような制約のない地図データは魅力的であり，OpenStreetMap により多くの人々や団体が参加し，データが充実するにつれて，企業のサービスなどでも OpenStreetMap が利用される例は増えてきています．

多くの市民の参加によって OpenStreetMap の地図データは作成されていますが，このような GIS のことを，（市民）参加型 GIS と呼びます．参加型 GIS は，必ずしもオープンな GIS データを生み出すことだけが目的ではありません．例えば，OpenStreetMap のデータがまだ十分ではない地域で，街歩きをして探検しながら OpenStreetMap の地図を作っていくようなイベントがあれば参加する人も多いのではないでしょうか．このイベントの参加者は，OpenStreetMap の地図データを作るだけでなく，歩いた地域についての新たな魅力を発見できるかもしれません．そうすると，地域の活性化に向けた動きにつながることにもなります．実際，マッピングパーティーと呼ばれるようなイベントを開催して，そのような取り組みを行っている事例もあります．多くの市民が参加する参加型 GIS の取り組みが進むことで，市民による地域や社会への視線や関わり方も変わってくることになります．

このような参加型 GIS の取り組みは，市民が科学的な作業に取り組む，市民科学の発展を促すものといえます．より多くのオープンデータが公開されれば，市民がオープンデータを活用して，オープンデータリテラシーを高めて，地域社会の現状を分析することができるようになります．さらに，GIS を使うことができる市民が増えれば，そうした分析に GIS の視点を取り入れることができ，地域社会の発展に貢献することができるようになるでしょう．

> ☀ **課題**
> ・身近な地域の自治体のウェブサイトを確認して，オープンデータを探してみましょう．
> ・見つけることができたオープンデータが，どのようなクリエイティブコモンズライセンスで配布されているかを確認しましょう．
> ・ポケモン GO のように，オープンデータが使用されている民間企業のサービスを探してみましょう．

【注】

1) クリエイティブ・コモンズ・ジャパン「クリエイティブ・コモンズ・ライセンスとは」https://creativecommons.jp/licenses/（2024 年 5 月 13 日閲覧）．

2) gov.uk「G8 Open Data Charter and Technical Annex」https://www.gov.uk/government/publications/open-data-charter/g8-open-data-charter-and-technical-annex（2024 年 5 月 13 日閲覧）．

3) gov.uk「data.gov.uk」https://www.data.gov.uk/（2024 年 4 月 28 日閲覧）．

4) Greater London Authority「London Datastore」https://data.london.gov.uk/（2024 年 4 月 28 日閲覧）．

5) 東京都「東京都オープンデータカタログサイト」https://portal.data.metro.tokyo.lg.jp/（2024 年 4 月 28 日閲覧）．

6) OpenStreetMap「OpenStreetMap」https://www.openstreetmap.org/（2024 年 4 月 28 日閲覧）．

7) 株式会社ポケモン・Niantic「Pokémon GO」https://pokemongolive.com/（2024 年 5 月 13 日閲覧）．

第17章 野外調査・ドローン

本章のポイント

◆ 野外調査におけるデジタルデバイスやウェブシステムの活用事例を概観してみよう.

◆ ドローンの利活用の実態と，さらなる活用に向けたルールづくりの必要性について理解しよう.

17.1 スマートフォンを用いた野外調査

　自然科学，社会科学を問わず，実際に対象地を訪れてさまざまな研究調査を行うことがあります．植生や動物の生息域の調査，防災まちづくりや観光まちづくりに関連した街歩きなどがその例として挙げられるでしょう．GIS に関連した技術は，このような現地での**野外調査**においてもベースマップの作成，現地でのデータ入力，データの共有などに活用されています．近年はスマートフォンやタブレットが普及し，これらに対応したアプリが充実してきていることもあり，GIS関連技術は，現地調査のオンライン化に大きく寄与しています.

17.2 大学講義でのグループ調査事例

　ここでは，大学の講義で行われた現地調査とその結果を踏まえたグループワークについて紹介します．この講義は，昭和女子大学現代教養学科で開講されている授業で，受講生は同学科の 2 年生から 4 年生です．現代教養学科は社会学系の学科で，地理系を専門とする学科ではありませんので，地理空間情報や GIS に関する専門的な授業はあまり多くありません．受講者の多くが GIS を操作するのが初めての人たちです.

　現地調査には Epicollect5 を使用して，東京都世田谷区内の大学キャンパス周辺で行いました．Epicollect5 は，ウェブインターフェイスとスマートフォン用アプリが組み合わされたシステムです．まず，調査の準備として，ウェブインターフェイスで調査項目を設定します．調査項目には，対象物の名称などのテキストデータや数値データのほか，スマートフォンの位置情報を活用した座標情報（図 17.1）や，スマートフォン内蔵カメラで撮影した写真画像も含めることができます．アナログの現地調査では，紙地図で現在位置を探して印をつけ，調査内容をメモして，カメラで記録写真を撮影していたものが，すべての情報が座標に紐づいた形で登録できるようになっています.

　実際の現地調査では，アプリ上に事前に設計した調査項目がフォーム形式で表示されるため，内容を順番に入力し，アプリの指示にしたがって写真を撮影すれば，登録するデータが作れます．データは一時的にスマートフォン内部のストレージに保存され，その後サーバーにアップロードできるため，オフライン状態でも現地調査は遂行できるように設計されているのが特長です．都市部だけでなく，ジャングルなどでも現地調査は行われるため，オフライン状態でもデータの作成が行えることはアプリの汎用性を高めています.

　グループワークでは，自分自身が入力したデータではなくとも，現地調査に参加したメンバー全員の入力データを相互に参照することとしました．これには再びウェブインターフェイスを利用します．Epicollect5 では 1 つのテーマに基づく調査をプロジェクトと呼びますが，プロジェクトのペー

ジを開くと調査結果が地図上にプロットして表示されるように設計されています．また，地図上にプロットされたアイコンをクリックすると，ユーザーが入力した属性や撮影した写真が表示されます．このため，やや広い対象地域を複数のグループで手分けして調査，情報登録を行ったものの，その成果は全体で簡単に共有できるようになっています．また，調査結果のデータは CSV 形式でダウンロードすることができるため，第 8 章で学んだ XY データの追加を行うことにより，GIS にデータを読み込んで空間分析を行うことができます．

この調査において，アプリでの現地調査に用いるデータ登録用のフォームは，ウェブインターフェイスで設定することになっています．つまり，調査前に調査項目を設定することが必要です．このようなスマートフォンとウェブインターフェイスを活用した現地調査でなくとも，事前に調査項目を十分に検討することは重要です．実際に現地へ赴いてから急遽調査項目を追加する事態になっては満足な調査は行えません．そのため，文献調査を入念に行ったり，チームでの調査であれば，メンバーでの協議を重ねたり，プレ調査と称して事前に現地での下見を行ったりして，最良の調査項目や選択肢に収斂させることが必要です．プレ調査は，現地調査を安全に行える場所を探すなど，事故リスクを軽減するうえでも重要な意味を持ちます．

調査項目は事前に設定する必要があることから，現地調査のテーマと調査項目は現地調査よりも前の講義で議論を経て設定しました．2023 年度は，受講者たちのグループから出た意見を集約して，コインパーキングや電柱広告を受講者全体の調査対象として設定しました．調査項目は位置情報と現物の写真，それ以外は表 17.1 の通りです．

受講者たちは，班ごとに図 17.2 に示したような地図上のデータのプロットや，図 17.3 に示したような属性表示を見ながら，それぞれに分析の仮説を設定しました．コインパーキングのデータに着目した班では，調査対象地域の中心部にあ

図 17.1　Epicollect5 アプリの位置情報登録画面

表 17.1　現地調査での調査項目

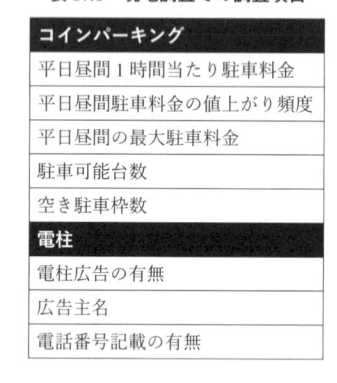

コインパーキング
平日昼間 1 時間当たり駐車料金
平日昼間駐車料金の値上がり頻度
平日昼間の最大駐車料金
駐車可能台数
空き駐車枠数

電柱
電柱広告の有無
広告主名
電話番号記載の有無

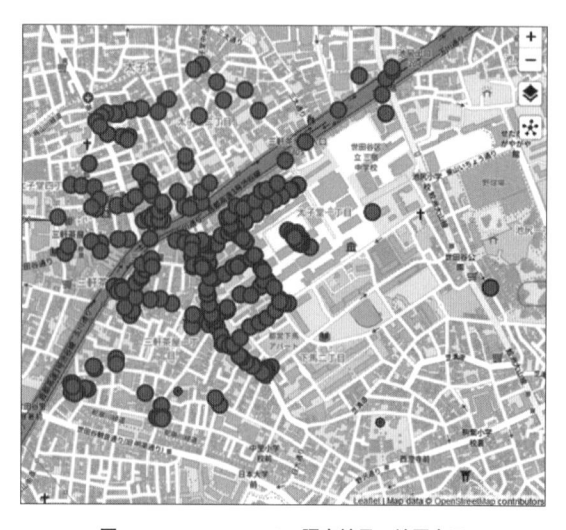

図 17.2　Epicollect5 での調査結果の地図表示
© OpenStreetMap contributors.

図 17.3　Epicollect5 での調査結果の属性表示
© OpenStreetMap contributors ※調査者名部分は加工済.

図 17.4　ドローンとそのコントローラー
米島万有子氏 提供.

る三軒茶屋駅からの距離や地域を南北に二分する国道 246 号の両側で駐車料金の時間単価や最大料金設定が異なるのか，駐車可能台数に対する空き枠数に差異があるのかなどを調査しました．また，電柱広告に着目した班では，広告主が医療機関である場合を抽出し，広告主の位置にポイントデータを自作しました．そして，広告が掲載された電柱までの距離を計算し，どのような分布傾向があるのかを検証しました．

　先述の通り，本講義の受講者は必ずしも GIS や地理空間情報に関する予備知識を持っているとは限りません．しかし，多少の事前準備とチームワークによる苦手分野の補完により，野外調査を円滑かつ効率的に行えて，調査結果を分析できるツールが開発されていることは，地理空間情報の一層の活用に向けた重要な下地であるといえます．

17.3　ドローンの活用

　近年活用が進んでいるのが，**無人小型航空機（ドローン）**です（図 17.4）．従来の航空機のような専門的で複雑な操縦技術が必ずしも必要ではないことや，廉価な機体が開発されていることなどから，広大な圃場における農薬の散布，狭隘道路や

交通渋滞に影響されない小口荷物配送，さらには操縦可能な攻撃装置など，民生そして軍事などあらゆる分野で活用が進んでいます．

　ここでは，ドローンを用いた測量についてみていきましょう．従来のような航空写真測量では，専用の航空機を飛行させ，写真撮影を行う必要があったものの，ドローンに高解像度のカメラや赤外線センサを搭載することで，安価に同等の素材を得ることが可能となりました．SfM（Structure from Motion）という手法では，少しだけずらした視座から同一地点を撮影した 2 枚の写真を用いて，立体視の要領で地表面のモデルを構築することができます．私たちが航空機から見下ろしている景色は，通常斜め下を見ている状態なので，そのままでは歪みがあり GIS データと容易に重ねることはできません．しかし，SfM を用いて生成されるオルソ画像は，どの地点であっても真上から見た状態になるよう補正されている画像であり，GIS データと容易に重ねることができます．さらに，元データが赤外線測量ではなく，可視光による写真画像であることから，作成されたモデルは立体的であるだけではなく，植生や河川などによる色彩の情報も保持しているため，あたかも自分自身が航空機から地上を見ているような臨場

感のあるモデルが構築できます.

また，ドローンを用いることで航空機の手配が不要となり，迅速性や機動性も高まっています．例えば，この技術が冬季の積雪量推定にも用いられています（松山ほか 2016）．夏と冬の双方について立体モデルを構築すると，両者の表面の高さに違いが生じます．この差分が積雪量であると推定する仕組みです．雪崩防止の観点からも積雪量の把握は重要です．航空機の手配が不要であることから，同じ地点を繰り返し測量することが容易になり，このような季節変化を追えるようになったともいえます.

泉ほか（2021）では，静岡県熱海市で発生した土石流災害を受け，直ちに空域災害調査が行われた事例が紹介されています．この事例では，発災直後からドローンによる空撮が行われ，先述したSfM によるオルソ画像が生成されています．その後は，ヘリコプターによる空撮も併用されていますが，被災地の状況を迅速に把握することができています．これらの情報は警察，消防，自衛隊，自治体などに提供され，要救助者の発見，周辺のインフラなどに与える二次被害の抑制などに活用されています.

このようなドローンを活用した測量技術は，災害現場など安全確保の観点から人が近づけない場所において，写真撮影による視覚情報にとどまらず,迅速かつ定量的な実態把握を可能にしました.

一方，ドローンが無秩序に利用されると空中での衝突や墜落などの事故のリスクが高まることから，ドローンの安全かつ効果的な利用に向けたルールづくりが進められています．図 17.5 に示したように，空港周辺や人口集中地区での飛行禁止は事故防止の観点から重要であり，外国公館，防衛関係施設，原子力事業所の周辺での飛行禁止はテロ防止の観点もあるでしょう．場所を問わず飲酒時や夜間の飛行そして目視外の遠方での飛行を禁止しているのも，事故防止のためといえるでしょう.

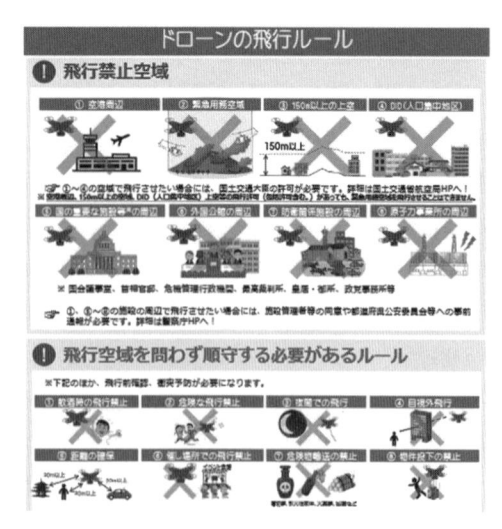

図 17.5　ドローンの飛行ルール（ポスター）
出典：国土交通省 [1].

> 💡 **課題**
> ・観光地に行き，観光客数を現地調査しようと思ったとき，現地ではどのような点に留意すれば良いでしょうか.
> ・現在はドローンの飛行ルールで禁止されている飛行のうち，国家安全保障や外交関係に起因するものもありますが，多くは事故リスクの低減を意図したものです．これらのうち，そのルールを撤廃できればドローンの応用の幅が大きく広がるものがあるか考えてみましょう．さらに，そのルールを撤廃するためには，どのような技術的裏付けや制度設計を進めていけば良いでしょうか.

【参考文献】

泉 岳樹・松浦孝英・原科享介・小杉拓也・矢野瑛洋・高橋良輔・佐藤至弘・福井弘道・杉田 暁・田口 仁 2021. 熱海市伊豆山の土砂災害現場で実施した空域災害調査と情報支援 . CSIS DAYS 2021 研究アブストラクト集：A04.

松山 洋・泉 岳樹・酒井健吾・南里翔平 2016. 小型無人航空機（UAV）を用いた積雪深分布の推定と検証 - 新潟県巻機山周辺を事例に . CSIS DAYS 2016 研究アブストラクト集：9.

【注】

1) 国土交通省「無人航空機の飛行禁止空域と飛行の方法」https://www.mlit.go.jp/common/001303817.pdf（2024 年 5 月 1 日閲覧）.

第18章 GISと災害・防災

本章のポイント

◆ GISが防災・減災対策にどのように役立てられているかを理解しよう.
◆ 災害時に生成される地理空間情報の活用について理解しよう.

18.1 さまざまなフェーズにおけるGISの活用

気候変動の影響などにより,豪雨やそれに伴う洪水などの水害は近年,激甚化・頻発化しています.また,地震や津波,火山活動といった自然災害も依然として脅威です.これらの一般的な自然災害以外にも,2011年に発生した東日本大震災の地震発生に伴う原子力発電所の事故のような原子力災害も発生することがあります.近年の夏の猛暑による健康被害や,各地で発生している獣害被害なども,一種の災害によるものといえるかもしれません.これらの多様化する災害に対して,GISは平常時だけでなく,災害発生の災害応急対応時や復旧・復興時を含むそれぞれのフェーズで活用されます.

18.2 平常時の防災・減災活用

18.2.1 ハザードリスクの可視化

GISを用いたハザードリスクの可視化は,災害の発生リスクを地理的に把握するための有用な手法です.地域ごとの地形や気象,地質,人口分布などのデータを統合することで,ハザードの程度を理解することが可能になります.さらに,異なるハザード要因が影響する地域を特定することで,優先的な対策の策定も可能となります.

国土地理院の「**地理院地図**」には多くの防災に役立つコンテンツが含まれています.例えば,自然災害と密接な関係がある地形に関しては,標高や起伏のほか,地形をその成り立ちや性質などによって区分した地形分類により液状化のリスクの高い旧河道や,地盤が軟弱な後背低地が地図上で把握できます(青木 2023).これらの情報は,旧版地形図や古地図からも確認することができます.また,過去に起きた津波や洪水などの自然災害の情報を伝える自然災害伝承碑も,地域の災害リスクを把握する資料として役立ちます.2020年には,大地震等により滑動崩落の発生する可能性のある大規模盛土造成地について,その位置と規模を示したものが大規模盛土造成地マップとしてすべての市町村で公開されました.これは宅地造成前後の地形図などを重ね合わせて,その標高差から標高が増加した一定の範囲のエリアを盛土造成地として抽出したものでGISの活用事例の1つともいえます.

災害リスクは2次元の地図だけでなく,3次元化により可視化することでより直感的な理解を促すこともあります.地理空間情報の3次元表示はGISの機能の1つでもあり,国土交通省のPLATEAU(プラトー)などの3次元都市モデルや,**AR(拡張現実)・VR(仮想現実)**などによる可視化技術の活用も進んでいます.

18.2.2 ハザードマップ

ハザードマップは,「自然災害による被害の軽減や防災対策に使用する目的で,被災想定区域や避難場所・避難経路などの防災関係施設の位置な

どを表示した地図」[1] とされ，災害リスク情報に加えて，避難経路や避難所の位置，その他の安全に関する情報が含まれています．多くの自治体では，洪水・内水・津波・土砂災害・高潮・火山といったように災害種類別に整備され，住民に紙媒体で配布されたり自治体のホームページで公開されたりしています．また 2020 年からは，不動産取引時に，水害ハザードマップにおける対象物件の所在地を事前に説明することが義務づけられました．

災害時にはインターネットにアクセスできない可能性もあるため，紙媒体のハザードマップも依然として重要ですが，デジタル化により，任意の縮尺で複数の情報を重ねて表示できるようになり，情報が更新された場合も迅速に反映することができます．さらに近年ではハザードマップ情報は，**オープンデータ**として GIS 形式で入手できるようになっています．ただし，自治体によって形式が違ったり，他の自治体の情報を続けて見たい場合にはアクセスが悪かったりするなどの課題があります．国土交通省「ハザードマップポータルサイト」では，自治体のハザードマップにリンクする「わがまちハザードマップ」と，全国の災害リスク情報をまとめて表示できる「**重ねるハザードマップ**」が用意されています．特に後者は，これまでの課題に対応した **WebGIS** 型のハザードマップであり，他の自治体の情報も連続的に閲覧できます（図 18.1）．

18.2.3 避難計画・避難施設配置

地震や風水害時の避難施設は，ハザードマップによって確認することができますが，その立地にあたっては災害リスクや人口分布，避難所の容量などの情報に基づいて検討する必要があり，施設配置問題として考えることもできます（第 13 章参照）．地域によっては，水害の際にほぼ全域が浸水するような地域がある場合には，周辺の高層建物に避難する「垂直避難」が必要になる場合もあります．そのような場合には想定浸水深の情報に加えて，建物 1 棟ごとの高さや地上階数といった属性を含む 3 次元の地理空間情報が役に立ちます．

避難に関しては，GIS を用いて避難施設までのアクセスのしやすさ，すなわち**アクセシビリティ**を評価することができます．予想される災害の状況や避難施設までの最短距離だけでなく，交通手段や障害物の有無などを考慮して，すべての住民が迅速に安全な場所に避難できるように計画をサポートできます．また GIS を使用して，さまざまな災害シナリオをシミュレーションし，それぞれの状況での避難計画の有効性を評価することもできます．

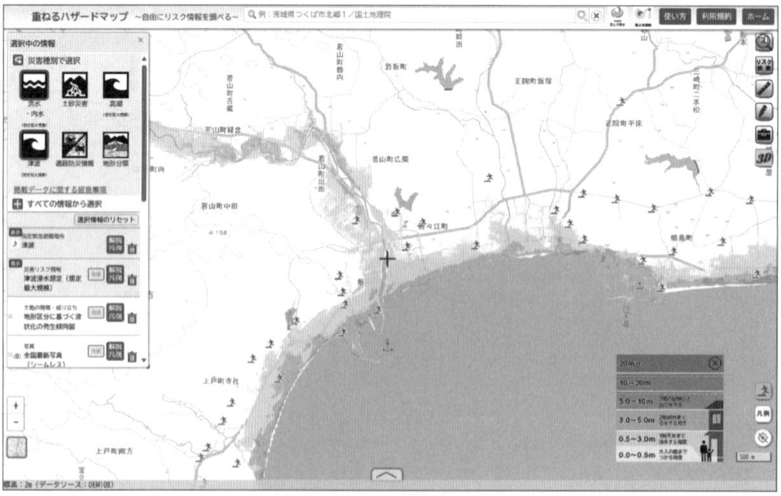

個人レベルでもハザードマップを参考にして避難経路を事前に決めておくことが重要です．マイ・タイムラインは，被害が発生する前に 1 人 1 人がとる避難行動計画です．ハザードマップをもとに家族などでとるべき行動を考える場面を創出することが肝要とされています．また行政側では，特に高齢者や障がい者など迅速な避難の確保を図るため支援が必要な住民に対し

図 18.1 重ねるハザードマップ
出典：国土交通省[2]．

第 18 章 GIS と災害・防災 101

て,「避難行動要支援者の避難行動支援に関する取組指針」において避難行動要支援者名簿を活用した実効性のある避難支援計画の策定が求められており,日頃から GIS で情報を整備しておくことが必要になります.

18.2.4 災害・被害予測

ハザードマップを作成するにあたっては,一定の条件のもとで発生しうる災害を予測します.例えば,想定最大規模の降雨に基づく洪水浸水想定区域図の場合,降雨量を設定して決壊地点ごとに氾濫シミュレーションを実施し,決壊地点ごとの氾濫シミュレーションを重ね合わせて作成されます[2].そのため,前提となる降雨の想定規模や地形条件が変わった場合には,それに応じてハザードマップも改訂されます.

また,災害が起こった場合の死者数や建物倒壊数などの被害状況の予測も防災・減災対策を考えるうえで重要です.内閣府の検討会においては,将来発生する可能性のある首都直下地震や南海トラフ巨大地震の被害想定を公表しており,複数のシナリオによって被害分布が異なることが示されています.2022 年に見直された東京都防災会議の「首都直下地震等による東京の被害想定」報告書では,焼失棟数や細街路の閉塞などの予測が地図で示されています(図 18.2).また大都市部で

は,昼間の滞在先で交通機関等が使えなくなる通勤・通学者いわゆる帰宅困難者の発生も懸念されます.上記の報告書では,東京都市圏パーソントリップ調査に基づいてターミナル駅別の帰宅困難者数が推計されています.

多様なデータが入手可能になり,またスーパーコンピューターをはじめとしてコンピューター性能も向上するにつれて,より複雑で詳細な災害や避難のシミュレーションが可能になり,精度の高い被害予測が可能になります.仮想空間に現実の都市を再現した「デジタルツイン」を構築し,地形や建築物,インフラ等の詳細な 3 次元モデルに気象データを組み合わせることで,自然災害がもたらす影響を予測できます.このような被害予測は行政の防災対策だけでなく,企業の BCP(事業継続計画)にも活用されています.

18.2.5 防災教育

ハザードマップは,地域の災害リスクを把握する上で非常に役に立つものですが,実際の災害ではその想定を超えて被害が出ることもあります.洪水の場合,小規模河川はハザードマップの対象になってない場合もあります.また,地形分類や自然災害伝承碑の情報も必ずしも網羅的に整備が進んでいるわけではありません.そのため,情報を整理したり収集したりする力だけでなく,情報を正しく理解する地図リテラシーや,取得した情報をどのように活用し判断できるようにするかといった力も重要になります(伊藤 2024).

高等学校では,2022 年度から「地理総合」が必履修化され,GIS に加えて防災も大きな柱のうちの 1 つになっています(第 1 章参照).AR 技術と GIS を融合した防災教育の取り組み

応用編

図 18.2　都心南部直下地震での細街路の道路閉塞率の予測
出典:東京都「首都直下地震等による東京の被害想定」.

も進んでおり（伊藤 2019），効果的な教育方法の開発に関する研究も進んでいます．

学校教育以外でも，地域や家族で防災意識を高める取り組みの1つとして防災マップづくりが挙げられます．防災マップづくりでは，まち歩きなどを行い，狭い道路やブロック塀など災害時に危険なものや，消火設備や自販機など役立つものを地図上に書き込んでいきます．ハザードマップには載っていない気づきや発見を記載することもあります．なお，参加者が地図を使って地域の防災対策を検討する訓練としては，災害図上訓練（DIG：Disaster Imagination Game）などの取り組みもあります．

18.3 災害時の活用

18.3.1 総合防災・災害情報システム

災害発生時には，災害時に対応する国や自治体などの機関が所持する情報を共有し，災害対応を効率的に実施することが不可欠です．2019 年より国立研究開発法人防災科学技術研究所が運用する**基盤的防災情報流通ネットワーク（SIP4D）**は，各機関からの情報を一元化し，都道府県や保健医療活動支援システムへの情報提供や，自衛隊・警察・消防・DMAT（災害派遣医療チーム）への情報発信を行っています．

また，一般向けとしては防災科学技術研究所の防災クロスビュー（bosaiXview）サイトにて災害発生状況や復旧状況，二次災害発生リスクなどの災害情報を集約して発信しています．国土交通省の**統合災害情報システム（DiMAPS）**でも，自然災害発生時には，被災状況把握のために災害情報を集約した情報を地図上で確認することができます．

内閣府では，2011 年度より災害情報を地理空間情報として共有する総合防災情報システムを運用しています．地方自治体における避難指示の発令支援や物資拠点から避難所までの輸送ルートの検討などで活用されています．しかし，利用者も限られており，操作性やデータ量に課題があるこ

とから，2024 年度より現行の総合防災情報システムと SIP4D を統合する形で新システムでの運用が始まりました．新システムでは，地方自治体やインフラ事業者も情報共有に加わっています．

18.3.2 リアルタイム情報の把握・共有

災害時，刻一刻と変化する状況に対応するためには，**リアルタイム情報**が不可欠です．まず気象に関して詳細な地域単位の降雨情報は，国土交通省「XRAIN」や気象庁「高解像度降水ナウキャスト」が提供しており，後者は短期間予報も提供しています．国土交通省ウェブサイト「川の防災情報」では，雨や川の水位の状況や河川カメラ画像などをリアルタイムに配信し，大雨などの際に避難判断等に必要な情報を入手できます．気象庁の「キキクル」は，このようなリアルタイム情報を反映して地図上に警報の危険度分布を示すものです．「洪水キキクル」では，洪水害発生の相対的なリスクの高まりを表す流域雨量指数と対象地域の災害特性を表す警報・注意報基準を組み合わせて，警報・注意報基準の到達状況を地図上に表示します．

一方で，**ソーシャルネットワーキングサービス（SNS）**の投稿情報や，カーナビ GPS から得られる道路通行実績データなど，住民や利用者から得られる地理情報データも災害時の迅速な情報収集手段となります（第 22 章参照）．災害時，SNS には被害の状況や安否情報，救助要請などが位置情報の付いたテキストや写真として多く投稿されますが，被害が深刻な地域では投稿が限られることや，偽情報などの拡散の懸念がある点には注意が必要です．図 18.3 は，2024 年 1 月に発生した能登半島地震の際に，SNS に投稿された被害情報を LINE ヤフー株式会社「Yahoo!防災速報」が可視化したもので，リアルタイム情報として役立てられます．

また，どの道路が通行できるのかは，避難や救助の際に重要な情報になります．自動車利用者の通行実績を収集することで，リアルタイムの通行止

図 18.3　「Yahoo!防災速報」（LINE ヤフー株式会社）[4)]

図 18.4　「通れた道マップ」（トヨタ自動車株式会社）[5)].

応用編

めの場所や期間が把握できます．洪水時などには，浸水エリアが通行が困難になるため，道路通行実績情報から浸水範囲を推定することも可能です．図 18.4 は，能登半島地震の際のトヨタ自動車（VICS交通規制情報は公益財団法人日本道路交通情報センター／一般財団法人道路交通情報通信システムセンターの情報をトヨタコネクティッドが作成）が提供するデータで，発災 2 日目も多くの地点で通行止めが発生していることがわかります．このような民間事業者から提供される災害時のリアルタイム情報を一元的に管理する取り組みもあります．G空間情報センター「リアルタイム災害情報提供システム」では，協定を結んだ民間企業から提供されたリアルタイム災害情報をウェブ地図として公開することで，災害対応支援に貢献しています．

18.3.5 クライシスマッピング

　災害時に収集された被害状況等のさまざまな情報をリアルタイムで地図上に集約する取り組みは，**クライシスマッピング**として被災地支援にもつながります．クライシスマッピングは，災害や戦争などの危機的状況が発生した際に，情報を共有・分析するために地図を利用する**参加型 GIS**活動の 1 つです．多くの場合，衛星画像やドローンによる空撮，SNS の情報などを利用するため，遠隔地のボランティアによって行うことができ，オープンデータの地図（**OpenStreetMap**）上に被災状況が可視化されます．東日本大震災時のクライシスマッピングでは，国内外のボランティアにより，広範囲な浸水被害の詳細が短期間のうちに整備されました（瀬戸ほか 2013）．

18.4 復旧・復興期の活用

18.4.1 被害評価

　復旧・復興においても地理空間情報や GIS は大きな役割を果たします．例えば，被害の範囲や程度を地図上に可視化することで，地域や施設の復旧優先度を明確にできます．また定期的に地表の様子を広範囲に観測できる**衛星画像**や，迅速に高解像度に観測できる**空中写真**を解析することにより，被災地域の変化や災害被害の状況を把握できます．国土地理院では，大きな災害が発生した際には被災地の空中写真を撮影し，速やかに地理院地図を通じて公開しています．さらに水害などの際には，画像等と標高データを用いて浸水範囲を示した浸水推定図が提供されることもあります．

　自治体から罹災証明書の交付を受けたり，保険会社から保険金を受けたりするには被害認定が必要になりますが，このようなデータにより個別の建物等の損害の程度も把握できるため，現地立会調査を待たず早急な補償や支援につながります．内閣府「災害に係る住家被害認定業務実施体制の手引き」では，一見して全壊と判定できる場合には，航空写真等により判定した結果をもって全壊の被害認定を行うことも可能とされています．また，災害発生時における損害保険会社の保険金支払い実務でも，PLATEAU の 3 次元都市モデルが有する建物属性を活用して建築物単位の被害額を推計するシステムを開発し，保険金支払いの迅速化を図る試みも進められています[6]．

18.4.2 被災者支援と復興計画の策定

　復旧の初期の段階では，避難所と支援物資の管理も中心的な作業になります．GIS は，避難所の位置や収容能力，現在の入所者数などの情報を地図上に表示することで，避難所の管理を支援します．また食料や水，医薬品などの支援物資の在庫状況や配布場所も管理することも可能です．特に支援物資が不足している場所に対して速やかに対応し，物資の再配分を行うことができます．

　一方で被災地復興の障害の 1 つとなるのが，瓦礫等の災害廃棄物の処理です．被害の状況把握と同様，衛星画像や空中写真のほか，現地で撮影した位置情報付き写真の地図化により廃棄物の分布や量を把握することで，廃棄物処理の優先順位を設定し，必要な機材やリソースを計画的に配分することができます．また GIS を活用することで環境への影響を最小限に抑えながら，廃棄物を効率的に処理するためのルートや方法を計画することも可能になります．

　復興計画の策定にあたっては，**災害復興計画基図**が必要になります．東日本大震災の際には，震災後の空中写真から道路や建物の地図情報を読み取り，現地調査で確認をした詳細な地図として作成されました．この基図には，仮設住宅や瓦礫集積地，休止中の公共施設等も表示され，広く多様な用途で活用できるように地理院地図でも公開されています．

　復興計画には公共施設の整備だけでなく，幅広いまちづくりの要素が含まれており，さまざまな情報を総合的に分析できる GIS は大いに活用可能です．また復興計画を直感的に理解しやすい形で視覚化し，すべての関係者に共有できるようにすることも求められます．それを実現する 1 つとして GIS を活用した**ジオデザイン**と呼ばれるアプローチが挙げられます．花岡ほか（2016）では，東日本大震災後の復興まちづくりに対して，震災前後の土地利用や人口，災害履歴などの空間データに基づいて複数の復興計画案を作成し，合意形成をしながら最終案を決定するモデルが紹介されています．

18.4.3 災害のアーカイブとデータベース化

　災害アーカイブは，過去に発生した自然災害や人為的災害に関する情報やデータを体系的に収集，保存，そして公開するための仕組みで，多くは行政機関や学術機関，地域コミュニティなどによって運営されています．災害アーカイブに収集された地理空間情報を含む資料やデータを貴重な

資源としてデジタル化（**デジタルアーカイブ**）して広く共有することで過去の災害から学んだ教訓をもとに，より効果的な災害対策やリスク軽減策の開発に役立てることが期待されます．図 18.5 は阪神・淡路大震災から 25 年目にあたって公開された「神戸GIS 震災アーカイブ」です．震災を経験した世代の資料や活動・証言を写真や映像も含めて GIS マップ上に掲載することにより，被災体験のない世代がわかりやすく学べる工夫がされています．

　学術研究でも，過去の災害の時空間情報を収集・解析する歴史災害研究では，GIS は基盤技術の 1 つです．例えば，奈良文化財研究所の歴史災害痕跡データベースでは，全国の発掘調査で発見されるさまざまな災害の痕跡情報をデータベースとして構築し，WebGIS を通じて公開しています．

図 18.5　神戸 GIS 震災アーカイブ
出典：神戸市 [7].

瀬戸寿一・古橋大地・関治之 2013. 参加型地図作成による災害情報の共有と復興まちづくりへの活用可能性. 歴史都市防災研究 2：33-38.

花岡和聖・磯田弦・杉安和也 2016. 東日本大震災からの復興まちづくりと地理情報システム-ジオデザインの紹介. 情報処理 57（3）：230-233.

【注】
1) 国土地理院「ハザードマップ」https://www.gsi.go.jp/hokkaido/bousai-hazard-hazard.htm（2024 年 5 月 15 日閲覧）.

2) 国土交通省「ハザードマップポータルサイト」https://disaportal.gsi.go.jp/（2024 年 5 月 15 日閲覧）.

3) 国土交通省遠賀川河川事務所「想定最大規模の降雨による洪水浸水想定区域図のつくり方」https://www.qsr.mlit.go.jp/onga/disaster/simulation/making.html（2024 年 5 月 15 日閲覧）.

4) LINE ヤフー株式会社「Yahoo!防災速報」https://emg.yahoo.co.jp/（2024 年 1 月 2 日閲覧）.

5) トヨタ自動車株式会社「通れた道マップ」https://www.toyota.co.jp/jpn/auto/passable_route/map/（2024 年 1 月 2 日閲覧）.

6) 国土交通省「PLATEAU | Use Case | 損害保険支払い作業の迅速化等」https://www.mlit.go.jp/plateau/use-case/uc23-03/（2024 年 5 月 15 日閲覧）.

7) 神戸市「神戸 GIS 震災アーカイブ」https://www.city.kobe.lg.jp/a95287/shise/opendata/shinsai.html（2024 年 5 月 15 日閲覧）.

課題
・ハザードマップポータルサイトで自宅周辺のハザードマップを確認して，災害リスクについて考察してみましょう.
・災害発生時の SNS の情報を誤って利用しないために，何ができるか考えてみましょう.

【参考文献】
青木和人 2023.『はじめての地理院地図 - 地図学習・防災学習に使おう』古今書院.

伊藤悟 2019. ユビキタス GIS と防災教育. 学術の動向 24（4）：32-36.

伊藤智章 2024.『いとちりの防災教育に GIS - 自然災害にそなえる地図の見方・作り方』二宮書店.

応用編

第19章 リモートセンシング

19.1 リモートセンシングの基礎知識

19.1.1 リモートセンシングとは

リモートセンシング（remote sensing）は，名前の通り対象物に直接触れずに遠隔（remote）から観測する（sensing）技術や科学のことを意味します．リモートセンシングというと，人工衛星をイメージする人も多いでしょう．その人工衛星は，地球を周回しており，広範囲を瞬時に，また定期的に観測できる特長をもっています．そのため，災害発生時には被害状況を効率的に把握することや，動植物，海洋，気象といった自然環境や生態系に関しては広範囲の状況を定量的に把握し，モニタリングに活用することができます．特に，人工衛星が観測したデータを可視化した**衛星画像**データは，**ラスターデータ**として GIS でさまざまな情報と合わせて利用する分野が拡大しています（第10章，第11章，第18章参照）．

リモートセンシングによる対象物の情報取得は，対象物から反射，放射された光を含む電磁波（electromagnetic wave）を観測することによって行われています．物体によって反射，放射される電磁波の特性が異なるため，対象物から反射，放射される電磁波の特性を把握することによって，対象物の大きさ，形，性質の情報を得ることができます．人工衛星によるデータ取得のほか，航空機から撮影した写真やレーダー観測，船舶から海底を観測する音波など，さまざまなセンサを搭載

した移動体（プラットホーム）によってデータを取得し，解析することができます．ここでは，衛星リモートセンシングについて取り上げます．

19.1.2 センサ

地球観測衛星には，目的に応じてさまざまな測定器(センサ)を載せています.代表的なセンサは，光学センサ，能動型マイクロ波センサ，受動型マイクロ波センサの3種類があります（図19.1）.

光学センサは，太陽光が物にあたり反射した光や，対象物が放射している熱を測ります．太陽光を放射源とし，可視から近赤外の波長帯で地面から反射した光を捉える**可視・近赤外リモートセンシング**では，植物の密集度や種類などを観測することに適しています．ただし，太陽光を放射源にしているため，夜間や雲量が多いときには観測が難しい点があります．一方，大気・地表面・海面からの放射を源とし，熱赤外の波長帯で大気・地表面・海面からの熱放射を捉える**熱赤外リモートセンシング**は，地表面や海面の温度，可視・近赤外画像ではわからない物体の内部状態や水分状態などを観測することに用いられています．夜間でも地表を観測できますが，雲が多い時や雨のときには地表を観測することが難しいです．

能動型マイクロ波センサは，センサからマイクロ波を地球の対象物に向けて発射し，対象物から反射されて戻ってくるマイクロ波を測ります．このセンサは，天候や時間帯に左右されることは少

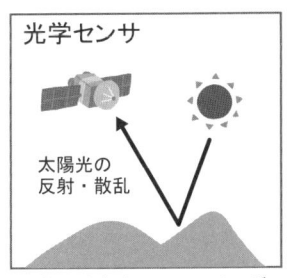

光学センサ

太陽光の
反射・散乱

可視・近赤外リモートセンシング

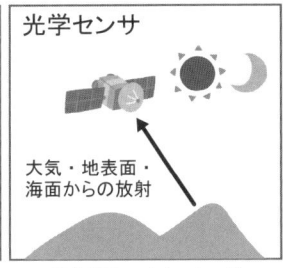

光学センサ

大気・地表面・
海面からの放射

熱赤外リモートセンシング

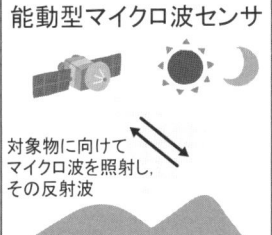

能動型マイクロ波センサ

対象物に向けて
マイクロ波を照射し，
その反射波

能動型マイクロ波リモートセンシング

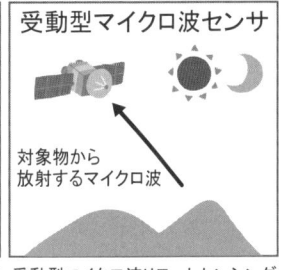

受動型マイクロ波センサ

対象物から
放射するマイクロ波

受動型マイクロ波リモートセンシング

図 19.1　センサとリモートセンシングの種類

応用編

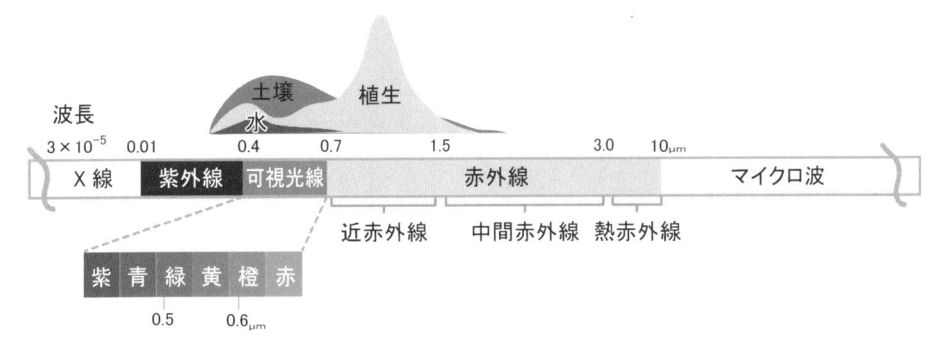

図 19.2　電磁波長帯の分類及び植生・水・土壌の分光反射

ないです．能動型マイクロ波センサには，降雨レーダー，高度計，合成開口レーダー（SAR）などがあります．土地被覆（植生，都市）などの面的な変化や，地表の高さとその変化などの観測や，船舶の位置の監視などに適しています．

　受動型マイクロ波センサは，対象物が放射するマイクロ波を観測します．物体は，人の目には見えないマイクロ波を放射しており，物体の種類や状態によってマイクロ波が異なります．受動型マイクロ波も天候や時間帯に左右されず，観測ができます．主に地表や海面の温度，雲の状態の観測に適しているため，気象予報などに用いられています．

19.1.3 空間分解能（解像度）

　空間分解能（解像度）は，地球観測衛星に搭載されたセンサが地上の物体をどれくらいの大きさまで見分けることができるかを示すものです（第3章，第10章参照）．空間分解能は，ラスターデータのセルサイズに相当します．衛星画像データの空間分解能は，衛星が飛行する軌道の高度に影響

します．一般的には，衛星が高い軌道で飛行して観測したものは広い範囲（観測幅）を観測できるものの，空間分解能力が低くなります．一方，低い軌道で観測した場合，観測幅が狭くなり，空間分解能が高くなります．例えば，観測幅 185 km，空間分解能 30 m センサは，衛星が一度に帯状に観測できる範囲が 185 km で，30 m 以上の地物等の対象物を認識できることを示しています．観測幅や空間分解能力は，搭載されているセンサによって異なるため，観測したい対象に合わせてセンサを選択する必要があります．

19.1.4 波長

　人工衛星に搭載されているセンサが観測する電磁波は，**波長**や周波数によって区分され，名称がついています（図 19.2）．人間の眼で捉えることができる紫から赤までの光は，可視光線と呼ばれる電磁波です．紫外線は可視光より波長が短く，赤外線は可視光より波長が長い特長があり，人の眼で見ることができません．このほかにも私たち

の生活の中で耳にするX線や電子レンジで使われているマイクロ波も電磁波です．人工衛星のセンサはすべての波長の電磁波を観測するのではなく，特定の**波長帯（バンド）**の電磁波を観測するようになっています．

　地表面を構成する代表的な要素である植生，土壌，水の反射率の特性を見てみましょう．植生は近赤外線を最も反射します．植生は，クロロフィル（植物の葉などにある緑色の色素）が青（0.45 μm = 0.00045 mm）と赤（0.65 μm）付近の電磁波を吸収し，緑色（0.55 μm）付近の反射率が高くなるため，植物の葉が緑に見えます．土壌は，可視域から赤外域へと波長が長くなるほど反射が高くなります．それに対して水は，短波長域で強い反射を示し，赤外域では反射しなくなります．

　リモートセンシングでは，反射率を0〜255までの256段階の大きさに変換して，デジタル値や相関色温度（CCT値）とよばれるもので表しています．

19.2　地球観測衛星の種類

19.2.1 Landsat（ランドサット）

　Landsat は，アメリカ航空宇宙局（NASA）とアメリカ地質調査所（USGS）が運用する，よく知られている衛星です．1972年に初めて打ち上げられ，長期にわたって観測しています．現在は Landsat-8（2013年打ち上げ），Landsat-9（2021年打ち上げ，2022年より運用）が運用中です．Landsat-8 の空間分解能は30 m，観測幅は185 kmで，11バンドの画像があり，USGSから無償でダウンロードすることができます．植生解析，土地被覆の分類，水資源などのモニタリングなど広く研究で利用されています．

19.2.2 Sentinel（センチネル）

　Sentinel は欧州宇宙機関（ESA）とヨーロッパ連合（EU）の地球観測プログラム「コペルニクス計画」によって打ち上げられた衛星です．

Sentinel-1 は2014年に打ち上げられました．2024年4月時点では，Sentinel-1A，2A，2B，3A，3B，5P と ESA と NASA の共同衛星 Sentinel-6 Michael Freilich が運用されています．Sentinel-2 は10 m（可視，近赤外，マルチスペクトル）の空間分解能で，13バンドの画像が提供されています．Sentinel はオープンアクセスかつ無償でダウンロードすることができるため，幅広く活用されています．

19.2.3 ALOS（だいち）

　ALOS は，日本の宇宙航空研究開発機構（JAXA）が運用している衛星です．2006年に ALOS が打ち上げられ2011年に運用を終了しました．現在は，レーダーセンサ（SAR）が搭載された ALOS-2（PALSAR-2）が運用中で，2024年7月1日に ALOS-4 が打ち上げられました．

　2006〜2011年の ALOS ／ AVNIR-2 オルソ補正画像は，Earthdata[1] でユーザー登録を行えば，ASF Data Search サイト[2] から無償でダウンロードができます．ALOS-2 は有償提供ですが，ALOS-2 ／ PALSAR-2 ScanSAR 観測プロダクトサイト[3] では災害関連データの一部を無償公開しています．図19.3は，滋賀県湖東地域を対象とした ALOS AVNIR-2 の画像です．

図 19.3　ALOS AVNIR-2 の画像（滋賀県湖東地域）
出典：JAXA ALOS（Advanced Land Observing Satellite, 2009年5月18日観測）.

19.2.4 商用衛星

　商用の地球観測衛星は 1996 年から始まり，商用衛星画像の提供が多くみられるようになってきました．アメリカの Maxar Technologies 社が運用する WorldView-3 は空間分解能 1 m 未満の世界最高レベルの光学センサを搭載しています．従来の衛星画像では判読が困難であった個々の車，人などが 30 cm（**パンシャープン**）の画像では判読できます．また日本では，一般財団法人宇宙システム開発利用推進機構と日本電気株式会社（NEC）が開発した ASNARO，ASNARO-2 があります．NEC が運用する ASNARO-2 は，日本初の商用の X バンドのレーダーを搭載した衛星で，高分解能の衛星画像を提供しています．

19.3　リモートセンシングによる分析

19.3.1 画像合成・強調

　スペクトル情報とは，観測対象から反射または放射される電磁波をさまざまな波長帯（バンド）にわけて観測した情報を指し，画像データとして提供されています．通常，人工衛星は複数の波長帯（**マルチスペクトル**）で同時に観測するため，波長帯（バンド）ごとにモノクロ画像を生成します．その画像に含まれている情報を判読しやすいように，ピクセルの濃度値を変換し，必要ない情報を消して他の情報を浮き上がらせる処理や，必要な情報だけ強調して画像を作成する処理を「**画像強調**」と呼びます．

　可視・近赤外の波長帯のグレースケール画像でマルチスペクトル画像より高い分解能を持つ画像には，**パンクロマチック**画像というものがあります[4]．パンクロマチック画像とマルチスペクトル画像を合成することで，カラー高分解能画像を作成することができます．この画像をパンシャープン画像と呼びます．

　マルチスペクトル画像の中から 3 枚を選び，赤，緑，青の光 3 原色のフィルタに画像を割り当て，カラー画像をつくりだす処理が**カラー合成**です．カラー合成に用いる波長帯と 3 原色の組み合わせによって，以下の 3 つの画像に区分できます．

（1）フォールスカラー画像

　フォールスカラーは，複数のバンドの画像にそれぞれ異なった色を割り当て着色合成した画像のすべてを指し，**ナチュラルカラー**も広義ではフォールスカラーに含まれます．通常は，人間の眼には見えない近赤外バンドの画像と他のバンドの画像をカラー合成した画像をフォールスカラー画像と呼びます．合成した画像の色調は，赤を基調にした画像になり，自然の色再現とは異なることが多いため，疑似赤外画像ともいわれます．植生からの反射が強い近赤外の波長帯の画像（バンド 4）に赤，赤波長帯の画像（バンド 3）に緑，緑波長帯の画像（バンド 2）に青を割り当てるため，植生の分布が赤く強調されて判読しやすくなります（口絵参照）．また，赤と近赤外の 2 つのバンドを用いて，植物の分布や活性度をみる NDVI（正規化植生指標）を求めることもできます．

（2）ナチュラルカラー画像

　植生からの反射が強い近赤外の波長帯の画像に緑色を割り当てることによって，植生が緑に見え，自然色に近くなることからナチュラルカラー画像と呼びます（口絵参照）．陸と海の差がはっきりする特長があります．青に青または緑の波長帯の画像（バンド 1 またはバンド 2）を，緑に近赤外の波長帯の画像（バンド 4）を，赤に赤の波長帯の画像（バンド 3）を割り当てることが一般的です．

（3）トゥルーカラー画像

　青に青の波長帯の画像（バンド 1）を，緑に緑の波長帯の画像（バンド 2）を，赤に赤の波長帯の画像（バンド 3）を割り当てて合成した画像を**トゥルーカラー**と呼びます（口絵参照）．人間の眼で見る色と同じにみえるため，観賞用として見せることや，沿岸部の現象を観察することには適しています．しかし，近赤外のバンドを使っていないため，植生などの判読には不向きです．

19.3.2 土地被覆分類

　人工衛星は一度に広範囲を観測することができ，一定の周期で繰り返し観測できることから，リモートセンシングデータである衛星画像を活用した調査として土地被覆調査がよく知られています．

　土地被覆調査を行う場合，まず衛星画像データを用いて土地被覆の分類作業をします．ただし，衛星画像データは植物季節を考慮し，データの取得時期を十分に検討した上で，データを用意することが重要です．**土地被覆分類**には，衛星画像のデジタル値を用いて，地表の被覆物を農地，水域，市街地といったように領域ごとに区別していきます．この分類には「**教師付き分類**」と「**教師無し分類**」の2つがあります．

　「教師付き分類」は現地調査で得られた情報や空中写真など既存の資料をもとに分類項目を設定し，具体的に分類項目の1つ1つが画像のどこのピクセルに対応するのかをPCに記憶させ，トレーニングデータを作成します．そのデータの統計量を計算し，衛星画像に含まれる各画素を，類似度によって分類項目にわける手法です．「教師付き分類」には，最尤法(さいゆう)，レベルスライス法，最短距離法の処理方法があり，主に最尤法が用いられます．

　トレーニングデータを作成する際には，一般的にトゥルーカラーやナチュラルカラー画像を用います．トレーニングデータ作成時に正確に行うかどうかによって分類の結果に影響が生じるため，採取するデータ数は多いほうが好ましいでしょう．

　「教師無し分類」は現地へ行けない場所や，情報が乏しい場所を対象とする場合や，分類項目がない場合に利用します．衛星画像のピクセルをランダムに選択し，統計手法によってピクセルのデジタル値の特徴が類しているグループに自動的に分類する方法です．デジタル値の類似性に基づいて分離するため，グルー

プ数を多く設定してしまうと，誤分類が起るため，グループ数の設定には気を付ける必要があります．

　図19.4は，ALOS搭載のセンサAVNIR-2の観測データを教師付き分類に基づいて作成した土地被覆図です（口絵参照）．リモートセンシングで作成した土地被覆図に，標高データから算出した傾斜角度や標高値をGIS上で重ねわせることによって，分類精度の高い土地被覆図の表示や，三次元表示をすることで新たな発見等もできる可能性があります．

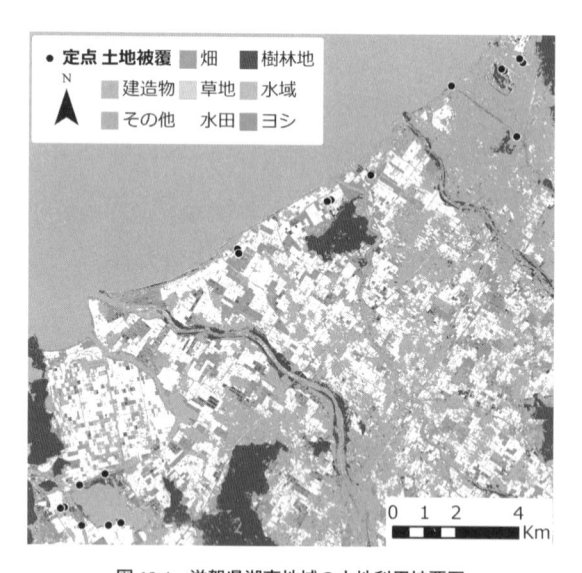

図19.4　滋賀県湖東地域の土地利用被覆図
出典：ALOS搭載のセンサAVNIR-2の観測データを教師付き分類に基づき作成．

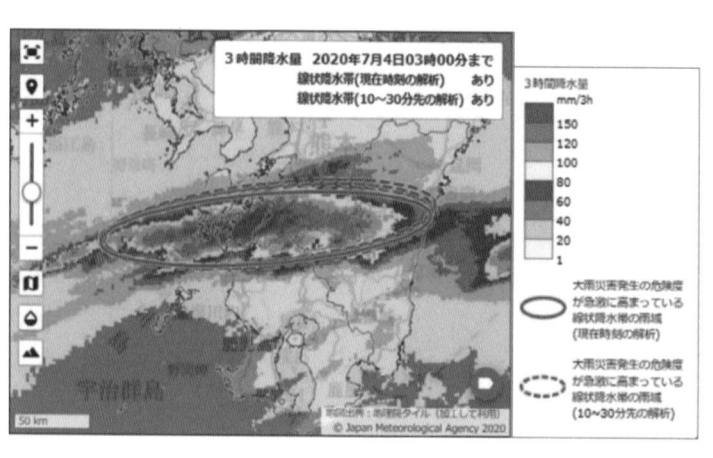

図19.5　線状降水帯の発生予測
出典：気象庁 [5].

19.3.3 気象現象の解析

　熱赤外リモートセンシングは，3 μm より長い波長の赤外域の電磁波を用いて，物体からの放射を観測し，対象物の温度を測定することができます．放射のエネルギーは物体の温度に依存することから，熱放射と呼んでいます．熱赤外波長帯は，夜間でも地表や水面の温度，雲の温度などが測定することができるため，ヒートアイランド現象の解析や海流の変動把握の解析に利用されています．

　私たちの生活の中では，気象予報の際に静止気象衛星を見る機会が多いと思います．日本の静止気象衛星として知られている「ひまわり」のほかにアメリカやヨーロッパの静止気象衛星で地球全体の雲の画像がほぼ実時間に得られ，天気予報などの気象情報の作成に用いられています．特に，日本から離れた海上にある台風は，地上観測が行うことができないため，「ひまわり」の雲画像と台風の平均的構造に関する経験式から解析し，台風の中心位置，中心気圧，強風の半径，今後の進路予測などにリモートセンシングが利用され，私たちの生活に役に立っています．

　気象庁では，衛星リモートセンシングだけでなく，地上レーダーによる雨・雪からの反射の強さを観測し，反射して戻ってきた電磁波の周波数のズレ（ドップラー効果）を利用して，雨・雪の動きを観測しています．近年では，水平方向と垂直方向に振動する電波を送信し，降水に関するさまざまな偏波パラメータを測定することができる国土交通省の X バンド（波長 3 cm）のマルチパラメータレーダ（MP レーダ）と気象庁の気象レーダーの観測データを利用した 250 m メッシュの高解像度降水ナウキャストが提供され，線状降水帯の発生予測（図 19.5）にも活用されています．

課題
・社会では，リモートセンシングや衛星画像がどのように活用されているでしょうか．具体例を挙げて説明してみましょう．
・衛星画像のカラー合成はどのようなものがあるでしょうか．またどのようなときに用いるのが適しているのか説明してみましょう．

【注】
1) NASA Earthdata「EARTHDATA LOGIN」https://urs.earthdata.nasa.gov/users/new（2024 年 5 月 14 日閲覧）.
2) NASA Earthdata「ASF Data Search」https://search.asf.alaska.edu/#/?dataset=AVNIR（2024 年 5 月 14 日閲覧）.
3) JAXA ALOS 利用推進プロジェクト「ALOS-2 / PALSAR-2 観測プロダクト」https://www.eorc.jaxa.jp/ALOS/jp/dataset/open_and_free/palsar2_l11_l22_j.htm（2024 年 5 月 14 日閲覧）.
4) 国立研究開発法人 国立環境研究所 気候変動適応プラットフォーム「衛星画像データの基礎知識」https://adaptation-platform.nies.go.jp/local/communication/collaboration/satellite-image-data/index.html（2024 年 5 月 14 日閲覧）.
5) 国土交通省 気象庁「線状降水帯に関する各種情報」https://www.jma.go.jp/jma/kishou/know/bosai/kishojoho_senjoukousuitai.html（2024 年 5 月 14 日閲覧）.

応用編

Memo

第20章 生態環境の解析における GIS の利用

本章のポイント

◆ 生態環境の解析における GIS を用いた研究実践を理解しよう.
◆ 空間統計学的手法を用いた生物分布推定モデルの構築方法を理解しよう.

20.1 植生・土地利用の時系列空間変化

20.1.1 空中写真の利用

地形図の作成などを目的に，航空機から撮影された測量用の写真を**空中写真**といいます．国内では 1940 年代からの画像がアーカイブされていて，おおよそ 80 年間の地表面の変化を復元することができます．この空中写真から得られた複数時期の植生・土地利用を GIS データ化し，その時系列変化と DEM から得られる地形データ等との重ね合わせ（**オーバーレイ解析**）を中心にした研究（Suzuki 2015）を紹介します．

植生・土地利用図の作成に使用する空中写真は，写真の端に近づくほど歪んでいる画像なので，すべての場所で真上からみたような画像にする**オルソ幾何補正**を行う必要があります．GIS ソフト上で，オルソ幾何補正を施した空中写真と重ねたレイヤーに植生・土地利用の境界をトレース（境界線をなぞる）することで，データの精度を上げることができます．以前は，コントロールポイントを数多く手作業で入力する必要がありましたが，近年では，ドローンの普及（第17章参照）と合せて，オルソ幾何補正とラスターデータの接合を自動的に行うソフトウェア（Agisoft 社の Metashape が代表的）が一般化して，この作業を容易に行うことができるようになりました．

国土地理院と占領期に米軍により撮影された写真は，国土地理院の地図・空中写真閲覧サービスで 400 dpi の画像がダウンロードできます．これでも，植生・土地利用図の作成には耐える解像度となっていますが，より高解像度のものが必要な場合や林野庁や地方自治体，民間の測量会社等が撮影した写真を利用する場合は，データを購入する必要があります．また，山岳域など起伏が大きい場所では，影の部分が大きくなりすぎてしまい，地表面の様子の判読が難しい場合もあるので，注意が必要です．

20.1.2 植生・土地利用の判読

ここでは，筆者の研究での植生・土地利用の判読事例を紹介します．筆者は，反射実体鏡を用いて，目視で判読したものをオルソ画像上でトレースし，GIS でポリゴンとして作りました．空中写真から作成した滋賀県の近江八幡における，4 時期の植生・土地利用図が図 20.1 です．近年では，人工衛星が撮影したリモートセンシングデータを用いて，教師付き分類と呼ばれる，植生や土地利用がすでにわかっている場所のデータを用いて分類する方法で，植生や土地利用の分類を行う手法が用いられることもあります．さらに，高解像度の衛星画像から機械学習を用いて，自動的に分類する手法も進歩してきています（第19章参照）．

植生・土地利用の判読の結果，中央部の山地は，1947 年にはマツ林と低木林・草地で占められており，1967 年にはマツの伐採が進み低木林・草地が大部分を占めるようになりました．1985 年

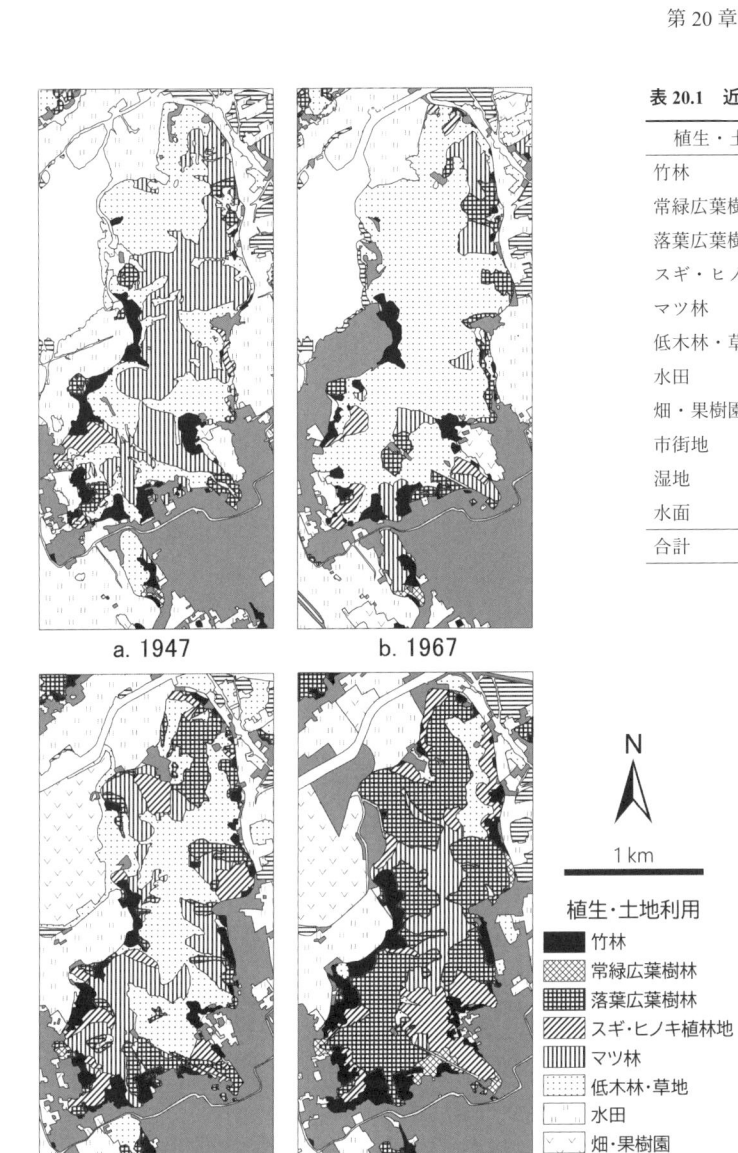

表 20.1　近江八幡市八幡山の植生・土地利用の面積（単位 ha）

植生・土地利用	1947 年	1967 年	1985 年	2006 年
竹林	25.1	21.6	32.3	42.4
常緑広葉樹林	1.7	1.3	0.6	6.1
落葉広葉樹林	12.1	22.2	49.2	115.8
スギ・ヒノキ植林地	8.2	10.1	27.7	43.1
マツ林	98.7	31.3	56.8	32.8
低木林・草地	117.1	185.1	119.3	26.9
水田	171.8	119.7	127.4	107.3
畑・果樹園	16.1	23	55.9	50.2
市街地	111	149.2	150.7	187.7
湿地	13.6	15.2	7.2	14.7
水面	70.7	67.2	18.8	18.9
合計			646	

図 20.1　空中写真判読より作成した近江八幡の植生・土地利用図
出典：Suzuki（2015）.

には，マツ林がふたたび面積を広げ，北部と南部では落葉広葉樹林も見られています．2006 年になると，マツ林の多くは落葉広葉樹林に取って代わられ，スギ・ヒノキの植林地も面積を広げました．1960 年代までは，薪炭材としてマツの伐採も多く行われていたと考えられ，その後，再生したマツ林が，マツ枯れによって広葉樹林に置き換わっていった様子が読み取れます．1967 年以降は，山裾に散在していた竹林が，1985 年，2006 年と 1 つ 1 つの塊が大きくなり，さらには周辺の竹林と 1 つの塊に結合して，面積を広げていることが見てとれます．GIS によって，各植生の面積を集計することによって，どれだけの面積変化が生じたのかを定量的に示すことも容易です（表 20.1）.

114

20.1.3　オーバーレイ解析と空間モデリング

　1990年代以降，日本各地でモウソウチクを中心とする竹林の拡大が進んでいます（Okutomi et al. 1996；鳥居・井鷺 1997など）．江戸時代に日本に移入されたモウソウチク林では，生物多様性が低くなり（鈴木 2008），周囲の土地利用への侵入などの直接被害と合せて社会問題となっています．

　作成した植生・土地利用データから竹林化の進みやすい場所の条件を明らかにするために，新たに竹林となった範囲の環境特性を，多重ロジスティック回帰分析により検討しました．多重ロジスティック回帰分析は，回帰分析（第8章参照）の被説明変数がカテゴリになる場合に用いられる回帰分析です．ここでは，特定の範囲が新たに竹林に"なった"／"ならなかった"という2つのカテゴリを被説明変数としています．竹林化が進みやすい環境特性と予想されるものとして用いたデータは，元々の植生・土地利用と竹林からの距離，建造物からの距離，道路からの距離，DEMから算出した斜面の東向き度と北向き度，地形分類（山地，扇状地・台地，沖積低地），曲率，傾斜度，地形湿潤指数（TWI）です（第10章参照）．これらは，DEMのセルサイズに合わせて，10×10 mのラスターデータとして，重ね合わせを行いました（11.1.2 参照）．多重ロジスティック回帰分析を行う際，植生・土地利用と地形区分は，カテゴリを区別することしかできないので，定量的な解析を行うためにダミー変数として扱いました．

　それぞれの期間で，赤池情報指数（AIC）が最小となったモデルを表20.2に示しました．統計学では，考慮する変数を増やすほどモデルの適合は高まる一方，複雑な式となってしまいます．AICは，そのバランスを取るための指標で小さいほど，バランスのとれた良いモデルとされています．また，表20.2で示した環境特性ごとの調整オッズ比は，竹林に"なった"確率を竹林に"ならなかった"確率で割った比で，オッズ比が1より大きければ竹林に"なった"確率が高く，小さければ竹林に"ならなかった"確率が高いということになります．

表20.2　竹林に変化したメッシュの多重ロジスティック回帰分析の結果

	1947～1967 年	1967～1985 年	1985～2006 年
切片	-4.801***	-3.627***	-3.728***
調整オッズ比			
畑・果樹園	0.964	1.163**	2.323***
低木林・草地	1.016	2.907***	2.634***
常緑広葉樹林	0.978	1.265***	0.683
落葉広葉樹林	0.958	1.735***	2.001***
スギ・ヒノキ植林地	1.058*	1.420***	2.030***
マツ林	1.104	1.702***	2.585***
竹林からの距離	0.560***	0.115***	0.037***
建造物からの距離		0.848***	1.373***
道路からの距離	0.132***	0.601***	0.309***
東向き度（Eastness）	0.877**		0.578***
北向き度（Northness）	1.126*	0.942	0.868***
扇状地・台地	2.916***	1.880***	1.620***
山地	5.305***	2.134***	2.177***
曲率	0.749***	0.782***	0.881***
傾斜度	0.631***	0.587***	0.680***
地形湿潤指数（TWI）	1.148		0.786**
変数	15	14	16

*: p < 0.05, **: p < 0.01, ***: p < 0.001

その結果，特に統計的に有意とされるものに（表20.2 で数値に***が付けられたもの）注目すると，1947 〜 1967 年では道路から離れた，扇状地・台地や山地で竹林化が進行したことがわかります．しかし，1967 〜 1985 年では，低木林・草地，落葉広葉樹林，マツ林といった植生が正の相関を示す環境特性となり，1985 〜 2006 年では，植生の影響がさらに強くなる一方，地形区分の影響は小さくなっていることが定量的に示されています．

1960 年代以降，日本の里山では，林野利用が減少し，耕作放棄地が増加してきました．このような人の手が及ばなくなった林地や耕作放棄地にモウソウチクを中心とするタケが侵入していったことを示すことができました．

20.2　生物分布推定モデルの構築

生物の分布データとしては，生物多様性センターの公開している自然環境保全基礎調査による植生図や動物の分布などの結果がベクターデータやメッシュデータで公開されています（第 7 章参照）．しかしこれらは，その範囲において，その種の生物の存在が確認されたことを示す "在データ" だけです．その種が確認できなかったことを確実に示す "否データ" を得ることは，データの性質上，難しいものです．このため，生物分布を環境条件などから推定するためには，在データだけでモデルを構築する必要があります．このようなデータの特性がある生物の分布域の推定には，**Maximum Entropy Model**（MaxEnt：Phillips et al. 2006）という，データの不確かさを許容して推計をするベイズ統計学で用いられている手法を用いることが増えてきました．

例えば，鎌田ほか（2014）は，環境省が自然環境保全基礎調査の 2 万 5 千分の 1 植生図作成のために実施した，全国各地の植生調査データを用いて，森林群集タイプごとの潜在

的分布域を MaxEnt を用いて求めています．森林群集タイプの分布域推定に用いた環境特性は，その地点の月平均から求められる WI（暖かさの指数）と CI（寒さの指数），年降水量，最深積雪量，地質，傾斜であり，これらを 1 km メッシュ単位の GIS データとして作成し，モデルを構築して，アカマツ群落などの潜在的分布域を地図化しています．

また，上野・栗原（2015）は，地域の生態系を保全する上で象徴種として着目される食物連鎖上の最上位種であるオオタカの生息適地予測に MaxEnt を用いています．環境省による自然環境保全基礎調査で得られる営巣位置情報と，道路事業の際に行われた環境アセスメント資料からオオタカの在データを取得し，環境省の作成した 5 万分の 1 植生図から得られる樹林と開放地との境界の長さや，市街地や水田などの面積の割合を環境特性の値としてモデル化を行っています．

MaxEnt では，ある要因についての変数の増加・減少に応じて，生物の分布確率も単純に増加・減少する傾向を示すような場合（図 20.2 の環境変数A）だけでなく，変数が増加する過程に分布確率のピークが現れる，∩型の変化をするような要因についても扱うことができます．図 20.2 は，MaxEnt で推定することができる，環境変数に対する対象種の出現確率の関係（グラフとして表したものを応答曲線といいます）を示した模式図です．環境変数 A は，値が大きくなるにつれて，出現確率も増大する傾向が見られます．環境変数 Bは，出現確率のピークが現れていますので，ピークから外れると出現確率が低下することが推定されます．環境変数 C は，ある値の前後で出現確率

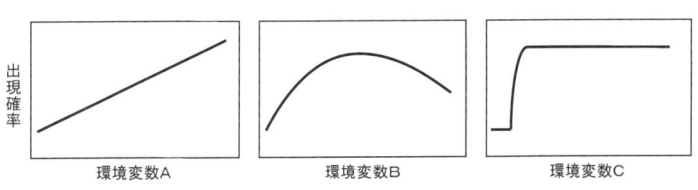

図 20.2　MaxEnt で推定される出現確率に対する環境変数ごとの応答曲線の例

が大きく変わり，そこ以外では変化が見られない
ことが読み取れます．こうした応答曲線の推定が
できることによって，環境変数に対して，さまざ
まな傾向の表れ方をする生物分布の要因を考える
際には有効といえます．

さらに，推定結果から予測された推定確率を
メッシュマップとして示すことができます．絶滅
が危惧されている生物種では，種の保全を重点的
に行うべき範囲を決めたり，モニタリングの適地
を探索するために有効な手法として利用すること
ができます．反対に，分布拡大が注視される侵略
的外来生物については，警戒が必要な地域を絞り
込むのに有効な手法として注目されています．

ArcGIS Pro では，ジオプロセシングツールとし
て[1)]，QGIS でもプラグインとして MaxEnt を GIS
ソフトで解析できるようになったことにより，さ
まざまな生物種で解析がなされています．

20.3 自然環境評価における GIS や空間情報の活用

20.1，20.2 で紹介した自然環境評価（環境ア
セスメントを含む）における GIS を活用したモ
デル化の事例では，多重ロジスティック回帰や
MaxEnt を用いたモデルを構築するために，ラス
ターデータの重ね合わせという手法が用いられて
います．環境省が整備を進めている植生図や，農
業集落や町丁目ごとといった小地域単位で整備さ
れているベクター型のポリゴンデータであって
も，モデルの構築を行う際には，ラスターデータ
として扱うほうが，重ね合わせてラスター演算（第
10 章参照）を行うことができることから，解析
が容易な場合も多くあります．モデル化の全体像
を想定した上で，適切なデータの形式を選択し，
解析を行うことが必須であるといえます．

また，これまでは限られた撮影時期のデータや，
既存の調査結果を収集して，苦労して生物の分布
データを集めていましたが，近年のドローンの普

及により，その生物（特に植物）の分布の広がり
を網羅的に把握するために最適な季節（例えば，
開花時期や新葉の展開，紅葉など）に，空間解像
度の高い画像データを入手することができるよう
になりました（第 17 章参照）．こうした地理空間
情報についての最新技術も応用していくことで，
生態系の評価精度をより高めていくことができる
と考えています．

> **課題**
> ・生態環境評価のどのような場面で，GIS を
> 活用できるか考えましょう．
> ・生物多様性センターが公開している動物種
> の分布を確認し，それらを推定するために，
> どのような地理空間情報が必要になるのか
> 考えましょう．

【参考文献】

上野裕介・栗原正夫 2015. 広域スケールでのオオタカの生
息適地予測の有効性と空間的汎用性・地域性の課題．ラ
ンドスケープ研究 78（5）：647-650.

鎌田磨人・安東純平・染矢 貴・浅井 樹 2014. 自然環境保
全基礎調査植生調査データを用いた森林群集・群落の潜
在的分布域の地図化．景観生態学 14：91-103.

鈴木重雄 2010. 竹林は植物の多様性が低いのか？森林科学
58：11-14.

鳥居厚志・井鷺裕司 1997. 京都府南部地域における竹林の
分布拡大．日本生態学会誌 47：31-41.

Okutomi, K., Shinoda, S., Fukuda, H. 1996. Causal analysis
of the invasion of broad-leaved forest by bamboo in Japan.
Journal of Vegetation Science 7: 723-728.

Phillips, S. J., Anderson, R. P., Schapire, R. E. 2006. Maximum
entropy modeling of species geographic distribution.
Ecological Modeling 190: 231-259.

Suzuki, S. 2015. Chronological location analyses of giant
bamboo（Phyllostachys pubescens）groves and their invasive
expansion in satoyama landscape area, western Japan. *Plant
Species Biology* 30：63-71.

【注】

1) ESRI 社「Presence-only 予測（Presence-only Prediction（MaxEnt））」
https://pro.arcgis.com/ja/pro-app/latest/tool-reference/spatial-
statistics/presence-only-prediction.htm（2024 年 5 月 21 日閲覧）．

第21章 まちづくりとGIS

本章のポイント

◆ まちづくりに関連して，コンパクトシティ政策や住民参加とGISとの関連性を理解しよう．
◆ どのようなデータが活用され，どのような分析手法が適用されているのか理解しよう．

21.1 まちづくりとGIS

場所や空間を鍵としてさまざまなデータを重ね合わせることができるGISは，都市環境の評価にも用いられています．私たちの身近な都市環境を評価するといっても，気候の温暖さや緑の豊かさ，災害のリスクといった自然環境的な要因，治安の良さや買い物あるいは職場へのアクセスなどの社会的要因など，さまざまな視点が考えられます．さらに，気温のようにその場所で観測して得られるデータもあれば，店舗や事業所へのアクセス性など他の地点との位置関係で定まる指標もあることに気づくでしょうか？　さらに一定の範囲を定めないと計算できない，人口密度や高齢化率などの指標もあります．このような分析を行うために，GISは強力なツールになりえます．

日本社会でのまちづくりや都市計画を考えるうえで，かつてのような急激な経済成長と人口増加を前提とした仕組みはもはや現実的ではなく，人口が減少していってもいかに生活の質を維持するか，あるいは生活の質をより高めていくかが重要な課題となっています．その中で，**コンパクトシティ**という概念が注目されています．公共施設や商業施設，医療機関や雇用の場をコンパクトに配置し，住宅街との間でも徒歩や公共交通機関で行き来できるようにする都市の姿だといえるでしょう．人口減少が進むとともに空き家の問題も深刻化しており，高齢化や過疎化とともに高齢者のアクセシ

ビリティについても関心が集まっています．これらの課題を市民自らが認識して，解決策を議論していくために，GISがどのように活用できるのかを見ていきましょう．

21.2 コンパクトシティとGIS

高齢化が進む中で，自動車を運転できなくても社会生活が営めるようにすること，居住の密度を高い状態で維持して行政サービスの効率的な提供を実現することが急務です．そのようなコンパクトシティを実現するためには，現状の都市構造の評価や，未来の都市の姿の構想，複数案の比較と最終的な計画案の決定などのプロセスでGISが活用できます．

例えば，さまざまな住環境指標を統合して小地域単位での得点を計算した上で実際の人口増減との関係性に着目した研究や，住み心地という居住者による包括的な評価が実際にはどの住環境の要素に強く影響されているかを調べた研究などがあります．

相（2014, 2016）で提案された住環境得点の概念は，過去数回分の国勢調査で得られた地域の人口動態をもとに，人口が減少せず維持されている地域に共通する住環境に着目した手法です．私たちが住む場所を決める際には，交通アクセス，地域の安全性や快適性などさまざまな要素を考慮するはずです．そのような居住地選択プロセスの特徴

118

を反映させるため，住環境得点の
算出にあたっては，各種の住環境
指標を収集し，統計的手法によっ
てそれら指標の相対的な重要度を
考慮して，地域ごとの住環境を得
点化することに留意しています．

　住環境得点を求める際に使用す
るデータは，国勢調査の小地域集
計や国土数値情報などであり，公
開データを活用して GIS で分析す
ることで，住環境の定量的な評価
や地域間比較が行えるようになっ
たといえるでしょう．住環境得点
を算出する空間単位である，丁目
あるいは 500 m メッシュの解像度
で，人口やさまざまな経済指標の
データが集計されていることも重要なポイントで
す．同一の空間単位でさまざまな統計が集計され
ていることで，簡便にデータの重ね合わせができ
るだけでなく，鉄道駅やさまざまな公共公益施設
までの距離を GIS で導出する際にも同一の空間
データを用いることができます．

　住環境得点は，さまざまな住環境指標を考慮し
て住民にとって魅力的であると思われる地域が高
得点となるように算出されるため，コンパクトシ
ティの計画を立案する場合，どの地域へ居住集約
を図っていくかを判断する際の定量的な根拠とな
りえます．また，その地域の住環境を改善する取
り組みを行った際に，どの程度得点の上昇が見込
めるかを定量的に計算することができるため，取り
組みの費用対効果を議論する手助けにもなります．

　図 21.1 では，生産年齢人口に特化して計算し
た住環境得点を掲載していますが，人口データが
年齢階層別や世帯構成別に集計されているため，
特定の属性やライフステージの人々の居住嗜好を
考慮した評価ができる発展性を持っています．例
えば，生産年齢人口にとっては魅力的な住環境を
備えた地域だが，高齢者層にはあまり好まれない

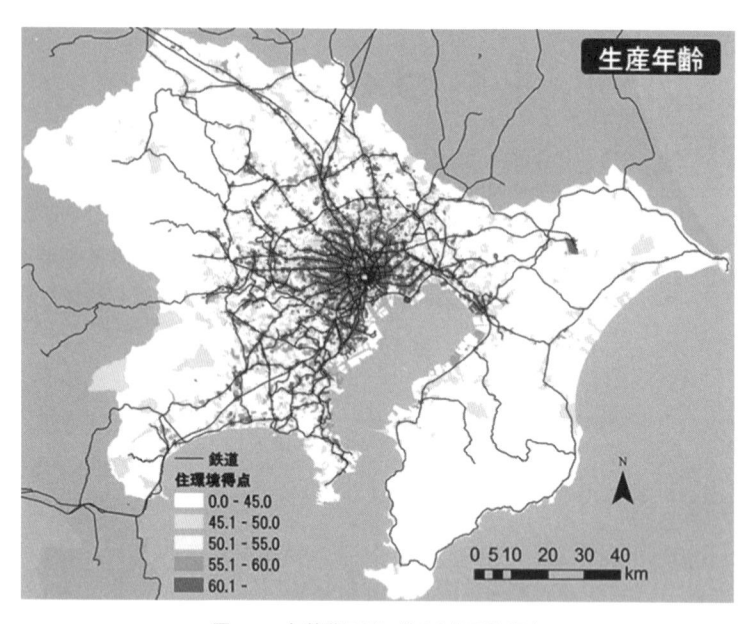

図 21.1　年齢階層別に求めた住環境得点
出典：相（2017）の図 2 に年齢階層の注記を加筆して作成．

住環境の地域である，といった評価が定量的に行
えます．

21.3　空き家対策と GIS

　人口減少社会の到来とともに，**空き家**の問題も
深刻さを増しています．所有者や居住者による適
切な管理がなされなくなった空き家が放置される
と，倒壊による安全性への懸念や犯罪の温床とな
りかねないなど防犯性の問題が生じます．地震や
大規模火災発生時に，これらの管理不全空き家が
倒壊して避難経路を塞いでしまう可能性もあり，
この場合は人的被害が大きく拡大してしまうリス
クがあります．しかし，空き家であってもあくま
で私有地の私有物ですから，自治体としても所有
者の同意なく解体，撤去できないというジレンマ
を抱えています．

　このため，各自治体では空き家の利活用を促す
取り組みを推進したり，空き家の撤去費用を助成
したりしていますが，そもそも空き家の分布を把
握することの困難さにも直面しています．例えば，
実際に現地調査を行い，それぞれの住戸に居住

実態が認められるかを確認す
る取り組みが行われています
が，このときに第 17 章で紹
介した手法が援用され，調査
結果の迅速な更新と共有が図
られています．しかしこのよ
うな全数調査は，非常にコス
トのかかる方法です．事前に
空き家である可能性が高い住
戸をデータで特定した上で，
それらの住戸に絞った確認で
済ませることで作業の効率化
が見込めます．では，データ
からどのように空き家の可能
性が高い住戸を推定するのでしょうか？

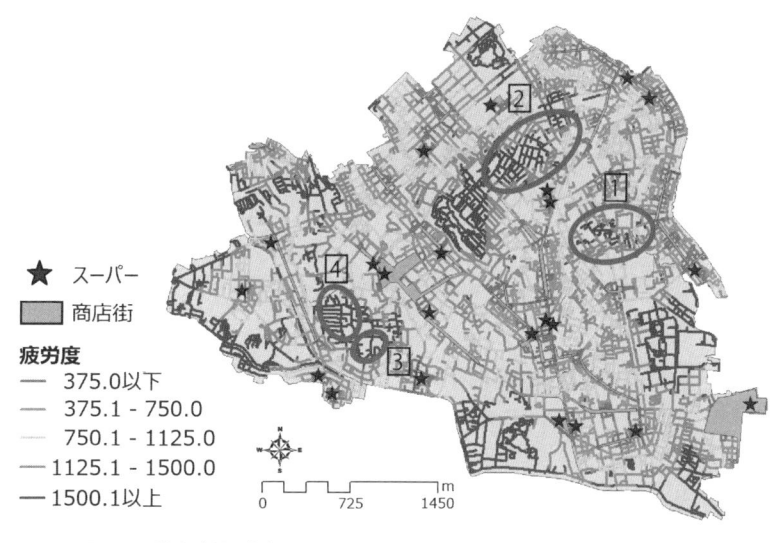

図 21.2　学生演習で指標化を試みた文京区内の生鮮食料品店へのアクセス性
出典：関口ほか（2018）.

　例えば水道を利用しているかの情報を活用する
例や，航空写真から駐車場に車両が停まっている
か画像認識で判別して駐車車両がある場合は，空
き家候補から外す例などがあります．さらに，ド
ローンから赤外線で市街地を計測し，特に夜間，
生活に起因する熱源が認められるかを判断材料と
して空き家を推定しようとする方法も研究されて
います（秋山ほか 2020，2022）.

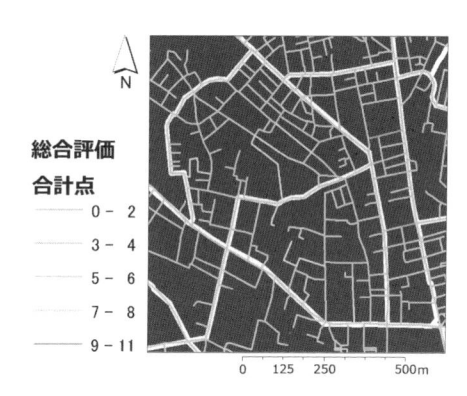

図 21.3　学生演習で指標化を試みた歩行環境の安全性
出典：関口ほか（2018）.

21.4　住民参加と GIS

　2022 年度に新しい高等学校の学習指導要領が
施行され，地理歴史の中で再び地理が必修になり
ました．**地理総合**という科目では，その学習目標
として「地理に関わる諸事象に関して，世界の生
活文化の多様性や，防災，地域や地球的課題への
取組などを理解するとともに，地図や地理情報シ
ステムなどを用いて，調査や諸資料から地理に関
するさまざまな情報を適切かつ効果的に調べまと
める技能を身に付けるようにする」と述べられて
おり（文部科学省 2021），GIS を扱う技能を習得
することが明示されています．防災や地域課題と
いうテーマも示されていることから，防災やまち

づくりなどの分野での状況把握や意思決定で GIS
の活用が促進されると期待されます．

　大学教育での事例ですが，関口ほか（2018）で
は，高齢者が近隣の生鮮食料品店（スーパーマー
ケット，食肉店，青果店，鮮魚店）にアクセスす
るにあたって，道路距離延長と勾配から疲労度を
計算して地図化し，東京都文京区内でアクセス性
が低い地域を学生演習の成果として示しました
（図 21.2，口絵参照）．さらに現地調査を通じて，
道路ごとの歩道と車道の分離の有無，歩道幅員，
交通量を調査して高齢者歩行の安全度も地図に示
しました（図 21.3，口絵参照）．

120

21.5 WebGISを用いた情報提供

GISは，地理空間情報の収集や分析に限らず，共有や可視化にも十分その機能を発揮します．特にウェブブラウザがあれば動作するWebGISは，情報共有や可視化によく用いられています．

例えば，内閣府と経済産業省が運用する地域経済分析システム（RESAS）[1]は，人口，産業構造，観光などのデータをWebGISで表示させる機能を有します．なお，RESASでは，図21.4に示したような統計データを地図上に表示するだけでなく，自治体ごとの時系列データをグラフ表示することもできるなど，広く統計資料の可視化が行えるシステム構成になっています（口絵参照）．

公的統計をはじめ，現代社会では国や自治体によってさまざまな調査が行われて統計資料が蓄積されています．しかし，誰がどのような項目の調査を行い，その統計がどこから入手できるのか，全貌を把握することは専門家以外には困難です．項目が多岐にわたるので，専門家でもデータの全貌は把握できていないかもしれません．そのようなとき，このRESASのようにさまざまなデータを統合して扱えて，可視化できるツールはデータの流通や利活用を促進する観点から，非常に大き

な役割を果たすといえるでしょう．

さらに，MY CITY FORECAST[2]というサイトでは，全国の自治体ごとに，人口分布，施設配置，災害リスクなどをテーマごとに切り替えて，地図上に表示することができます．特に人口については，未来の年代を指定することで将来人口を重ねて表示することができます．先に紹介したRESASでも将来人口は表示できますが，MY CITY FORECASTでは，より手軽に他の情報と将来人口分布を重ねて表示できることが大きな特徴です．現状の施設配置のまま人口が現状ペースのまま減少していくと，どのような都市の姿になるのか，臨場感をもって住民と共有できるのが，このようなWebGISによる可視化の利点です．

課題

・みなさんが興味を持った都道府県や市区町村について，RESASやMY CITY FORECASTで将来人口を調べてみましょう．

・その上で，将来に向けて人口の減少幅が小さいところと減少幅が大きいところの分布を見てみましょう．交通網や施設配置と比べてみて，コンパクトシティに向かう変化となっているか考えてみましょう．

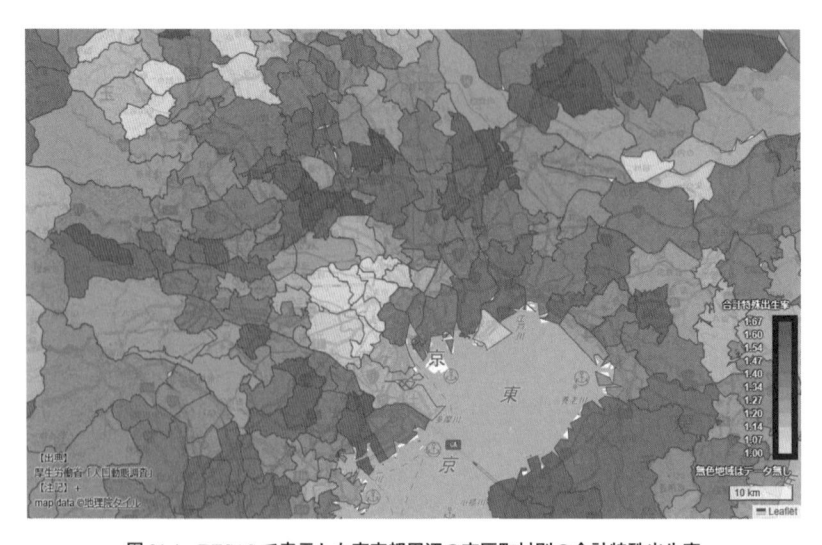

図21.4　RESASで表示した東京都周辺の市区町村別の合計特殊出生率
出典：RESAS（地域経済分析システム）「人口マップ・人口の自然増減」[3].

【参考文献】

相 尚寿 2014. 複数の住環境指標が町丁目の人口増減パターンに与える影響‐東京圏 1 都 3 県の都市地域を対象に. 都市計画論文集 49（3）：567-572.

相 尚寿 2016. 若年人口や生産年齢人口の維持・増加に影響する住環境指標の得点化‐東京圏 1 都 3 県の都市地域での町丁目単位の分析. 都市計画論文集 51（3）：860-866.

相 尚寿 2017. 小地域単位での住環境得点による人口増加の再現性検証と改良の試み‐東京圏 1 都 3 県の都市地域における国勢調査小地域集計を用いて‐. 都市計画論文集 52（3）：1290-1297.

秋山祐樹・飯塚浩太郎・小川芳樹・今福信幸・谷内田修・杉田 暁 2022. ドローンで収集した熱赤外画像および可視画像から人工知能（AI）により迅速に空き家分布推定を行う手法の検討. 地理情報システム学会講演論文集 C-4-2（ONLINE）.

秋山祐樹・飯塚浩太郎・谷内田修・杉田 暁 2020. ドローンにより収集した熱赤外画像と可視画像を用いた空き家分布推定手法の研究. 地理情報システム学会講演論文集 29：24-1（CD-ROM）.

関口達也・山田育穂・稲垣祐希・卯月 葵・大野裕紀・川嶋英渡・木村光希・小島郁也・酒井柾英・清水玲果・霜田悠人・杉本裕樹・杉山夏美・田口晴菜・田代みなみ・玉野聡一朗・塚田健人・三橋祐太・諸井克行（2018）高齢者の安全な買い物のための買い物環境と歩行環境の評価とその視覚化, CSIS DAYS 2018 研究アブストラクト集, D04.

文部科学省（2021）高等学校学習指導要領解説【地理歴史編】高等学校学習指導要領（平成 30 年告示）解説 令和 3 年 8 月一部改訂, 37.

【注】

1)「RESAS（地域経済分析システム）」https://resas.go.jp/（2024 年 5 月 7 日閲覧）.

2)「MY CITY FORECAST」https://mycityforecast.net/（2024 年 5 月 7 日閲覧）.

3)「RESAS（地域経済分析システム）‐人口マップ・人口の自然増減」https://www.resas.go.jp/population-nature/（2024 年 5 月 7 日閲覧）.

応用編

Memo ✎

第 22 章

地理データサイエンス

本章のポイント

◆ 地理空間ビッグデータの種類や特徴，代表的な分析手法について理解しよう．
◆ 地理空間データを分析する上で注意すべき点や関連分野の課題について理解しよう．

22.1 地理空間ビッグデータ

　地理空間ビッグデータは，さまざまなデータソースから生成される位置情報が付いた**ビッグデータ**です．ビッグデータは一般に，その量や速度（データが生成される速さ），種類（さまざまなデータ形式）において，従来のデータベースやデータ処理ツールでは扱いにくいデータを指します．例えば，**リモートセンシング**，**IoT**（Internet of Things）デバイス，移動端末，ソーシャルメディア，交通系 IC カードは，地理的な位置情報を持つ膨大なデータを提供し，場合によってはリアルタイムで生成されます．

・リモートセンシングデータ：衛星や航空機などのリモートセンシング技術によって収集された地表の画像データです（第 19 章参照）．地形や植生，土地利用，気象などの情報が含まれます．

・IoT デバイスデータ：インターネットに接続されたさまざまな機器はセンサを搭載しており，その位置情報やセンサで取得した観測データを送信します．気温や気圧などの環境データや，交通量や駐車状況といった観測データが含まれます．

・移動端末の位置情報データ：スマートフォンやカーナビの GPS デバイスなどによって生成される位置情報データです．個々の利用者の移動履歴や滞在場所に関する情報が含まれます．

・**ソーシャルメディア**データ：ソーシャルネットワーキングサービス（SNS）や位置情報ベースのアプリケーションによって生成されるデータです．利用者の投稿内容やチェックイン情報などが含まれます．

・交通系 IC カードデータ：電車やバスなどの公共交通機関を利用する際に使う IC カードによって生成されるデータです．乗客の移動パターンや利用頻度などの情報が含まれます．

　これら以外にも，Google のストリートビュー画像や，目標物や施設など特定のポイントを示す**POI**（Point of Interest）データなども地理空間ビッグデータの例に含まれます．また，**LiDAR**（Light Detection and Ranging）によって取得される地形や構造物の点群データや，国土交通省の提供する PLATEAU（プラトー）をはじめとする 3 次元都市モデルデータのほか，物件の位置情報が含まれる不動産取引情報，店舗や利用者の住所情報が含まれる POS（商品購買），クレジットカード決済履歴などもその例といえます．

　非集計レベルで取得できるこれらのデータは，更新頻度や対象範囲，集計単位などの点で欠点を抱える従来の統計データを補うオルタナティブデータとしても注目されています．衛星画像から抽出された夜間光データを，公式統計が得にくい途上国の経済活動の代理指標として利用するのはこの代表例の 1 つです．位置情報を鍵として複数の種類のデータを組み合わせて新たな価値を生むマッシュアップも可能です．これまでも地理空間データの計量的分析は，**ジオコンピューテー**

ションとして発展してきましたが（Openshaw and
Abrahart 2000），このような大量かつ多様な地理
空間データを処理・分析し，有益な情報を抽出す
ることで，より良い意思決定をサポートする地理
データサイエンスの重要性も近年高まっていま
す．そのため統計分析や**機械学習**，**人工知能（AI）**
などの一般的なビッグデータ分析で用いられる
技術に加えて，GIS やリモートセンシング，空間
統計などの技術も必要になります．その背景に
は，データ量の爆発的増加やデータの処理・分析
技術の進化だけでなく，環境問題や防災をはじめ
とする社会的課題の増加や，行政等における証拠
に基づく政策立案（EBPM：Evidence-based Policy
Making）の推進といった社会的要請もあります．

22.2　データ解析

22.2.1 探索的空間データ分析

　探索的空間データ分析（ESDA：Exploratory spatial
data analysis）は，地理空間データの特性や構造を
理解するために，データを視覚化し，要約するプロ
セスです．ESDA は，地図や散布図などの視覚化ツー
ルや，空間的自己相関指数などの統計的測定を使
用してデータを探索します（第 9 章参照）．ESDA
を通じて得られた視覚的な発見や初期の分析にお
いて，特定の空間的クラスターや特異なパターンが
識別された場合，**空間データマイニング**によってこ
れらの観測をさらに詳細に分析し，根底にある関
係性を発見したり予測モデルを開発したりすること
ができます．ただし，ビッグデータ解析においては，
事前に理論的な仮説を想定したり，因果関係を特
定したりすることまでは必ずしも前提とされないこ
ともあります．なお ESDA 向けのソフトウェアとし
て，GeoDa（アリゾナ州立大学）や，GeoViz Toolkit（ペ
ンシルベニア州立大学）などが開発されています．

22.2.2 ジオビジュアライゼーション

　データのビジュアライゼーション（可視化）は，

地理空間ビッグデータの理解のための基礎的かつ
重要なステップです．グラフやチャート，地図など
の手法を用いて，空間パターンや傾向を視覚的に表
現することで，データの特徴や相関関係を直感的に
理解することができます．特に地図化などによって
地理空間データを可視化するジオビジュアライゼー
ションは，データを理解するための主要な手法の 1
つです．ビジュアライゼーションにおいては，単な
る作図だけでなく，地図化を通してデータ探索や仮
説生成，知識構築などが重視されます（Maceachren
and Kraak 1997）．また，建物などの高度情報を含
むデータや時系列データについては，**3 次元表示**や
アニメーションによる表示も有効です．

　以下では，代表的な地理空間ビッグデータとし
て，携帯端末による人流データと SNS 投稿データ
の可視化事例について紹介します．まず携帯端末
から得られる**人流データ**は，携帯電話の基地局と
の交信履歴や，特定のアプリ利用中に測位した端
末の **GPS** から，端末の利用者がいつどこにいたの
か把握できます（第 2 章参照）．利用者の登録情
報からは，その性別・年齢や居住地等の属性情報
もわかりますが，個人を特定できない地理空間ビッ
グデータとして加工（十分な匿名化）され，防災
や観光，マーケティングなどの幅広い分野で活用
が進んでいます．国土交通省のパーソントリップ
調査などの人の流れを捉える従来の統計調査に比
べて，全国をカバーする大量のサンプルが得られ
ることや，常時・高頻度にデータが取得できるこ
とが特長です．一方で，スマートフォン端末の所
持率が低い年少者や高齢者のサンプルが少ないこ
とや，付随する属性情報が少ないことが欠点です．

　大手携帯電話事業者は，それぞれの利用者の位
置情報をもとにした独自の人流データを有償提供
しています（第 7 章参照）．一部の人流データは
オープンデータ化されており，例えば広島市で
は，人流データを可視化したダッシュボードを公
開し，データも自由にダウンロードできるように
なっています（図 22.1）．ダッシュボードは，複

数の可視化手法を組み合わせて，地理空間データを一元的に管理し，理解するためのツールです．データを複数の視点から同時に表示することで，データの関連性や時空間的変化を把握しやすくなります．

位置情報（**ジオタグ**）が付加された SNS 投稿データに関しても，毎日膨大な量のデータが生成・蓄積されるだけでなく，投稿内容からは投稿者の感情・嗜好や行動パターン，社会的つながりなど豊富な情報が含まれるという特長があり，それらの内容を分析することで，マーケティングや公衆

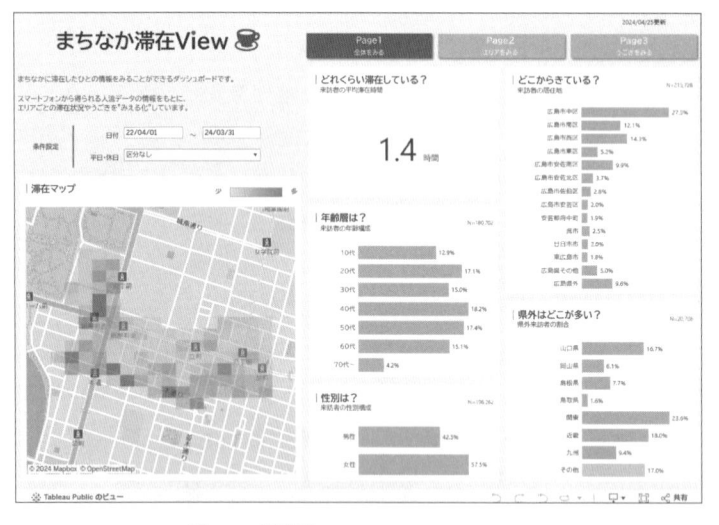

図 22.1 広島市 Hiroshima City Dashboard
出典：広島市[1].

図 22.2 京都市内滞在者の SNS の投稿密度
桐村 喬氏提供.

衛生，災害対応など多岐にわたる分野で活用されています．ただし，SNS は利用者が限られることや，フェイクニュースに代表されるように投稿内容の信頼性にはばらつきがあることなどから，データの品質の面では注意する必要があります．

X（旧 Twitter）は，日本では 6,000 万以上の利用者を抱える SNS で，位置情報を付けてテキストや写真・動画を投稿することができます．図22.2 は，京都市に短期滞在したユーザーの投稿件数を密度として 3 次元都市モデルを利用して可視化したもので，投稿密度は建物の高さと色の濃さの両方で表現されています．京都駅や四条河原町・祇園周辺において多くの観光客の集積が確認できます．

22.2.3 空間データマイニング

空間データマイニングは，大規模な地理空間データセットから有用なパターンや関係性を発見するためのデータ駆動型の手法です．一般的なデータマイニングも，大量のデータの中から有用な「知識」を発掘（マイニング）しようとするものですが，空間属性を含むデータに対しては，相関規則の抽出，クラスタリング，分類などに焦点が当てられます．その背景には，地理空間ビッグデータが持つ**空間依存性（従属性）**という従来のデータとは異なる特徴があります．これにより，地理情報ビッグデータに潜む地理的なクラスターや相関，特異なパターンなどが特定され，新たな知識が導き出されます．

データマイニングの手法や得られる知識はいくつかありますが（Li et al. 2015），代表的なものを次に示します．

(1) 相関規則の抽出：データ内の関連性や高頻度で発生するパターンを見つける手法です．地理空間データにおいては，特定の地理的条件が発生するときに他の条件も同時に発生する傾向があるかどうかを特定するのに有用です．例えば，ある施設は特定の別の種類の施設の近くに立地する傾向があるというようなパターンを発見することができます．

(2) クラスタリング：データを類似性に基づいてグループに分ける手法です．事前にグループ化の背景や存在するグループ数がわからなくても適用できますが，データは同じクラスター内では互いに類似しており，他のクラスターとは異なるようにグループ化されます．空間的なクラスターを特定するホットスポット分析（第 9 章参照）では，感染症や犯罪の発生が周囲と比較して集中するエリアを特定することもできます．

(3) 分類：データを特定の異なるカテゴリに分類する手法です．与えられたデータの特徴を元に，それが属するべきカテゴリを予測します．サポートベクターマシンや決定木，ランダムフォレストなどの機械学習が用いられることも多く，衛星画像から土地被覆を分類したり，災害発生エリアを抽出したりすることができます．

22.2.4 予測モデリング

予測モデリングは，過去やリアルタイムの地理空間ビッグデータから将来の地理的な現象を予測するためのモデルを構築する手法です．代表的な手法としては，まずニューラルネットワークやランダムフォレストなどの機械学習が挙げられ，既存のデータからパターンやトレンドを学習し，将来の事象や値を予測します．

また統計モデリングのように，データ内のパターンや関係性を統計的にモデル化し，将来を予測する手法もあります．回帰モデルのほか，長期変動要因や季節変動要因を考慮した時系列分析などの統計的手法を使用して，地理空間データの時間変化や空間的なパターンを捉えることで，将来の事象や値を予測するモデルを構築します．

いずれの手法も，都市の交通流や災害発生の予測などに広く活用されています．京都府警察では，

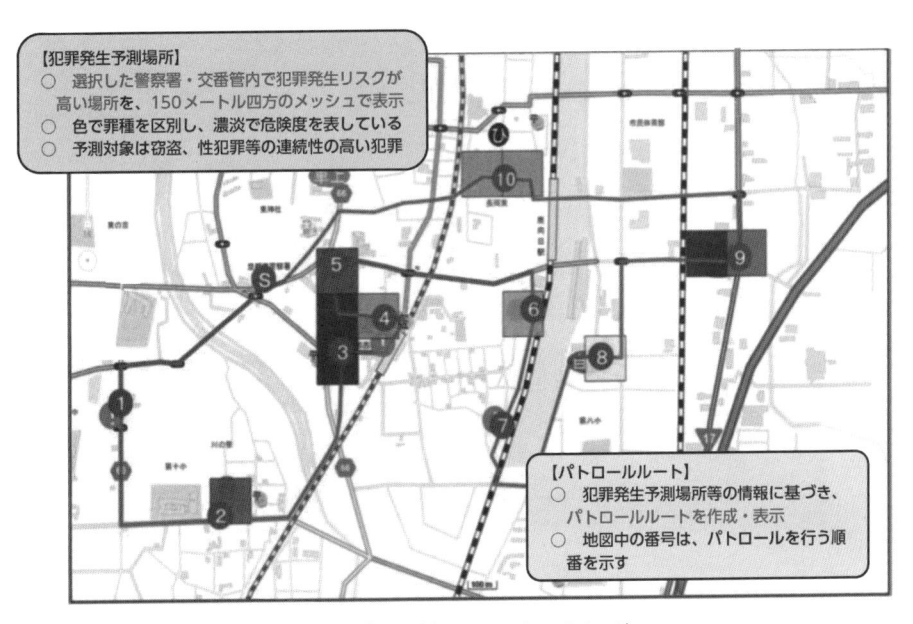

図 22.3　「犯罪防御システム」のイメージ
出典：平成 30 年版「警察白書」[2].

2016 年に「犯罪防御システム」の運用を開始し，独自のアルゴリズムと過去の犯罪発生情報等に基づいて犯罪発生予測を構築することで，犯罪防止活動に役立てています（図 22.3）.

22.3　GeoAI

データサイエンスと AI には，密接な関係があります．**GeoAI** は，機械学習や深層学習などの AI 技術を地理空間データに適用し，より複雑な地理的なパターンや関係性の抽出や，画像からの物体検出，高度な予測モデルの構築を可能にしています（Janowicz et al. 2020）．また，GeoAI は大規模な地理空間データを効率的に処理し，自動化されたアルゴリズムやモデルを使用して，迅速な解析を可能にします.

GeoAI の進化は，これまで述べてきた地理空間ビッグデータや空間データマイニングの発展とも大きく関わっています（図 22.4）．GeoAI はすで

に 1980 年代には登場していましたが，1990 年代前半にかけては初期の段階で，この時期の AI はコンピューターの計算能力やデータの制限により比較的単純なアルゴリズムや統計的手法に限られていました．その後，2000 年代に入ると，インターネットの普及とデジタル化の進展により，大量の地理空間データが利用可能になると同時に，コンピューターの計算能力も飛躍的に向上し，より複雑な AI アルゴリズムの適用が可能になりました．この時期には，GIS 内で利用される空間解析機能にも AI 技術が組み込まれるようになり，意思決定支援や予測モデリングに応用されました．2010

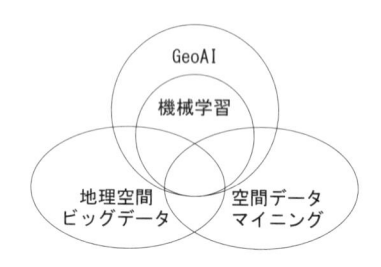

図 22.4　GeoAI を取り巻くデータや技術

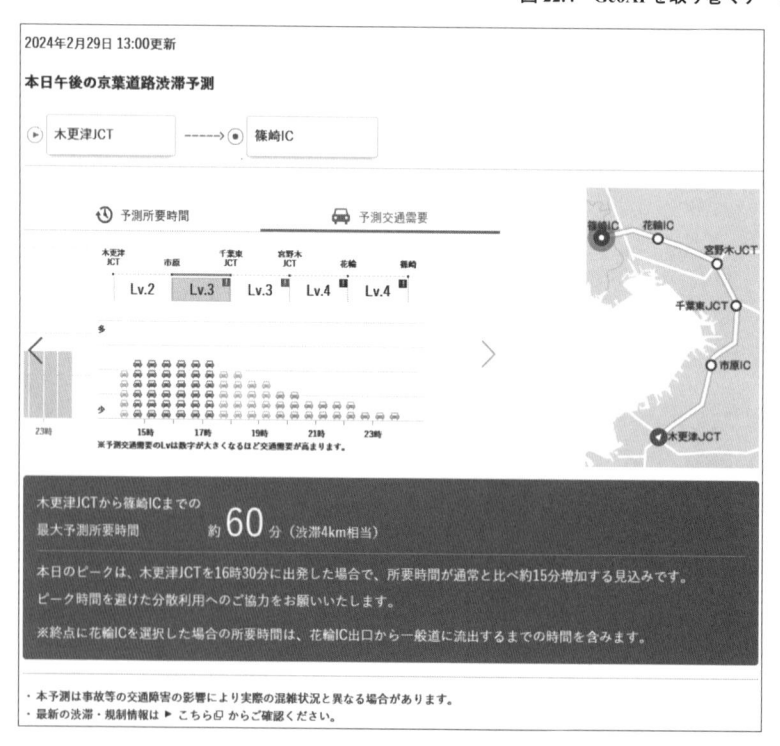

図 22.5　AI を活用した交通渋滞予測
出典：NEXCO 東日本 [3].

年代以降は，深層学習の台頭と，衛星画像や種々のセンサデータ，SNS からのビッグデータの爆発的増加が GeoAI の大幅な進化をもたらし，現在では都市・交通計画や災害管理，気候変動の分析など，幅広い分野で GeoAI が活用されています．

自然言語処理などの他の AI 分野での進化も，GeoAI に影響を与えています．自然言語処理は元々大量のテキストデータの内容を分析する AI 技術の 1 つですが，Wang and Stewart（2015）はこの手法を用いて，2012 年に発生したハリケーン Sandy に関する CNN のウェブニュース記事から抽出された意味的情報の時空間分布を可視化しました．ウェブサイトから情報を抽出する Web スクレイピング技術の進展や SNS データの蓄積を背景に，このような応用の拡大がこれからも予想されますが，これまで地理空間情報の整備があまり進んでいない**デジタル人文学**や歴史 GIS の分野でも今後活用が進む可能性があります．

GeoAI による成果に関しては，さまざまな場面で社会実装もみられるようになっています．一例として図 22.5 に示すのは，一部高速道路路線において NEXCO 東日本（東日本高速道路株式会社）と NTT ドコモが提供する「AI 渋滞予知」です．これは NEXCO 東日本が保有する過去の渋滞実績や交通流に関する技術的知見と，NTT ドコモの人流データである「モバイル空間統計」のリアルタイム版などをかけ合わせ，30 分ごとの所要時間と交通需要を予測するもので，交通需要が多い時間帯を利用者に避けてもらうことで交通渋滞の緩和を図るものです．

ビジネス分野においても，小売業では最適な店舗配置や販促のターゲティング，不動産業では土地や建物価格の評価や不動産市場の動向予測，物流業では効率的な配送ルートや配車計画の立案，農業では農機の自動運転や収穫適地・適期の推定といったような場面で AI が活用されています．さらに，GeoAI は新たなビジネス機会の創出にも期待されています[4]．

22.4　課題と展望

今後もさらなる発展が見込まれる地理データサイエンス分野ですが，いくつか課題も残されています．まずは，地理空間データの品質と信頼性の確保が挙げられます．特に，22.2.2 でも述べた通り SNS からのデータは，特定の利用者層や地域に偏ったデータが集まる可能性があり，それらの点を考慮しないと解析結果にも偏りをもたらす恐れがあります．また地域や時代が異なると，投稿の形式や言語・慣習の違いなどが原因で，データの整合性が損なわれる可能性もあります．さらにセンサによるデータの取得に関しては，精度や解像度などがデータ品質に影響を与えます．センサの位置や設置環境の違いによってもデータの精度が異なることがあります．

分析に関する課題や制約も存在しています．情報の明確性を欠いている時空間情報も増加しており，それに対しては地理情報科学に関わる諸分野からさまざまなアプローチが模索されています（浅見・薄井編 2020）．また AI に関しては，分析結果の導出基準が明確ではないというブラックボックス的な性質への批判に対して，説明可能な AI（XAI: explainable AI）手法を GeoAI に適用することも進められています．それでも GeoAI には，空間スケールへの対応，図形形状やそれらの空間的関係の処理などの技術的な課題のほか，プライバシーや倫理的問題などの社会的課題も指摘されています（Xing and Sieber 2023）．現在，Society 5.0 のもとで数理・データサイエンス・AI 教育の重要性が高まっていますが，そのような地理情報に関する専門的なスキルや経験を持つ人材の育成も期待されます．

GeoAI に限らず，地理空間データの活用には地理情報倫理やプライバシーの問題への対応が重要になります．例えば，データ分析の結果として犯罪のホットスポットと特定された地域が強調されれば，地域やその居住者に対する差別や偏見を助

128

長する可能性も生まれます．また，特に活用可能性が広がるパーソナルデータについては，位置情報や個人情報の適切な管理が求められる一方で，データの個人識別のリスクも懸念されます．2022年施行の改正個人情報保護法では，個人の位置情報は特定の個人を識別することができない個人関連情報に位置づけられたものの，連続的に蓄積され個人を識別できる場合の位置情報は個人情報に該当するとされました．単一のデータでは匿名化できても，複数のデータを組み合わせることで個人が特定できてしまう可能性にも注意が必要となります．これらの問題に対処するためには，倫理規定やガイドラインの整備が必要になりますが，2021年には，アメリカ地理学協会とイギリス陸地測量局から位置情報の取り扱いを巡る倫理ガイドライン Locus Charter が発表され，地理情報の利用に関する国際的な共通の枠組みとして，地理情報の持続可能な利用を促進することを目指しています．

　一方，2019年に改正統計法が施行され，オンサイト利用等などによる情報保護を前提として，公的統計の調査票情報（ミクロデータ）の学術研究での利用が可能となりました．それにより，位置情報が付随する集計前の個票形式データの活用の幅も一層広がることが期待されます．

　なお学術研究においては，データや研究成果，研究過程の透明性や再現性を重視する**オープンサイエンス**の重要性も高まっています．その中心的な要素の1つがオープンデータです．また，オープンソースソフトウェアの使用や開発も重要な側面であり，GISの分野においては，**FOSS4G**（Free Open Source Software for Geospatial）をはじめとしてオープンソースのツールやライブラリが広く利用されています．これらの地理空間データやリソースをオープンにすることで，研究者や開発者が新しいモデルを開発し，研究やビジネスでのさらなる展開に貢献することができます．

課題

・地理空間ビッグデータの1つである衛星画像とAIを活用した，具体的な研究事例や応用事例を調べてみましょう．

・ビジネス分野でのGeoAIの活用においては，どのような点に注意が必要になるか考えてみましょう．

【参考文献】

浅見泰司・薄井宏行編 2020.『あいまいな時空間情報の分析』古今書院.

Janowicz, K., Gao, S., McKenzie, G., Hu, Y. and Bhaduri, B. 2020. GeoAI: Spatially explicit artificial intelligence techniques for geographic knowledge discovery and beyond. *International Journal of Geographical Information Science* 34（4）: 625-636.

Li, D., Wang, S. and Li, D. 2015. *Spatial data mining*. Springer Berlin Heidelberg.

Maceachren, A. M. and Kraak, M. J. 1997. Exploratory cartographic visualization advancing the agenda. *Computers and Geosciences* 23（4）: 335-343.

Openshaw, S. and Abrahart R. J. eds. 2000. *Geocomputation*. CRC Press.

Xing, J. and Sieber, R. 2023. The challenges of integrating explainable artificial intelligence into GeoAI. *Transactions in GIS* 27（3）: 626-645.

Wang, W. and Stewart, K. 2015. Spatiotemporal and semantic information extraction from Web news reports about natural hazards. *Computers, Environment and Urban Systems* 50: 30-40.

【注】

1) 広島市「Hiroshima City Dashboard」https://hiroshima-citydashboard.jp/（2024年5月10日閲覧）.

2) 警察庁「平成30年版 警察白書」https://www.npa.go.jp/hakusyo/h30/index.html/（2024年5月10日閲覧）.

3) NEXCO東日本「ドラぷら E-NEXCO ドライブプラザ」https://www.driveplaza.com/trip/area/kanto/traffic/kanetsu/（2024年2月29日閲覧）.

4) 内閣府 2020.『衛星データをビジネスに利用したグッドプラクティス事例集（第2版）』https://www8.cao.go.jp/space/goodpractice/jireisyu.html（2024年7月13日閲覧）.

▶ おわりに

本書でたくさんの事例を紹介しながら説明してきたように，GIS は社会のさまざまな分野，場面で利用されています．冒頭で少し触れたように，GPS に比べれば GIS の認知度はとても低いものの，実際には非常に身近なサービスや社会の仕組みのなかに GIS が組み込まれています．このような GIS や，GIS と地理空間情報を効果的に活用するための学問である地理情報科学は，これからの社会を考えるうえで重要な技術・学問です．応用編で紹介してきたように，ドローンのような最新の技術にも GIS が使われていたりします．2024 年 1 月の能登半島地震など，大きな災害が頻繁に発生するなかで，GIS は大きな力を発揮して，被災者の支援や復興のために役立てられていますし，被害を減らすための減災の取り組みにも生かされています．まちづくりのように，私たちが暮らす地域をよりよくしていくためにも GIS は活用されています．データサイエンスや AI といった，ここ最近よく聞くような学問や技術とも GIS は結び付いていて，GIS が得意とする地域のさまざまな課題を解決するための取り組みに生かされています．

GIS を活用できるデータサイエンティスト，つまり地理データサイエンティストは，日本ではまだまだ馴染みがありませんが，例えばイギリスでは，Geographic Data Science（地理データサイエンス）の修士号が取得できるコースが，社会科学分野で世界的によく知られる大学である，ロンドン・スクール・オブ・エコノミクス・アンド・ポリティカル・サイエンス（LSE）に開設されています．また，アメリカにも空間データサイエンスの修士号が取得できるコースがあります．他にも，地理空間データサイエンスなど，欧米には，よく似た名称の学位が取得できる大学があります．日

本でも，2023 年度に一橋大学にソーシャル・データサイエンス学部・研究科が開設されていて，GIS を用いる研究者も在籍しています（2024 年 4 月現在）．いずれは，日本でも地理データサイエンスに関する専門的かつ高度な教育を受けられる大学・大学院が生まれてくるでしょう．

本書で想定している読者は，必ずしも，そこまでの専門家や研究者を目指しているような方々ばかりではありませんが，それでもそのような方々が GIS や地理情報科学を学ぶきっかけにはなるはずです．本書を GIS や地理情報科学を学ぶための入口として活用し，さらにその先の知識や技術，理論などについての学びを深めていってもらえれば幸いです．

地理情報科学は情報科学，情報工学的な側面があり，どうしても数学的な知識が必要な部分もあります．本書では，なるべく簡単な説明になるように心がけていますが，ページ数やモノクロ印刷の都合上，簡単な説明が難しいこともあります．また，深く学びたい場合には物足りない内容の章もあるかと思いますが，深く学びたい人向けの情報も示してありますので，ご活用ください．

最後に，各章を執筆いただいた上杉昌也先生，米島万有子先生，相 尚寿先生，鈴木重雄先生，古今書院の編集担当の福地慶大氏に感謝の言葉を述べたいと思います．執筆者の先生方には，ご多忙のところ，専門書とは勝手が異なるなかで，桐村や編集担当からの注文にもご対応いただき，大変お手数をおかけしました．重ねてお礼申し上げます．

執筆者を代表して
桐村 喬

▶ もっと学びたい人へ

GISや地理空間情報，地理情報科学について，もっと学びを深めたい方は，以下の文献や資料を参考にしてください．章やテーマごとに紹介しています．なお，各章の執筆にあたって参考にした文献も含まれています．

◆ GISと地理情報科学（第1章）

橋本雄一編 2023.『「地理総合」とGIS教育』古今書院.

村山祐司・柴崎亮介編 2008.『シリーズGIS 1 GISの理論』朝倉書店.

矢野桂司 2021.『GIS 地理情報システム』創元社.

若林芳樹 2022.『デジタル社会の地図の読み方 作り方』筑摩書房.

ESRIジャパン 2022.『図解入門ビジネス 最新GIS［地理情報システム］のビジネス活用がよ～くわかる本』秀和システム.

◆ 身近なGIS（第2章）

橋本雄一編 2022.『六訂版 GISと地理空間情報 - ArcGIS Pro3.0の活用』古今書院.

みちびき（準天頂衛星システム）内閣府宇宙開発戦略推進事務局 https://qzss.go.jp/index.html（2024年5月7日閲覧）.

◆ GISで地図を描く（第1章，第4章）

浦川 豪監修，島﨑彦人・古屋貴司・桐村 喬・星田侑久著 2015.『GISを使った主題図作成講座 - 地域情報をまとめる・伝える』古今書院.

羽田康祐 2021.『地図リテラシー入門 - 地図の正しい読み方・描き方がわかる』ベレ出版.

◆ GISデータの基礎・入手
（第3章，第5章，第7章，第10章）

朝日孝輔・大友翔一・水谷貴行・山手規裕 2019.『［改訂新版］［オープンデータ＋QGIS］統計・防災・環境情報がひと目でわかる地図の作り方』技術評論社.

浅見泰司・矢野桂司・貞広幸雄・湯田ミノリ編 2015.『地理情報科学 - GISスタンダード』古今書院.

浦川 豪監修，島﨑彦人・古屋貴司・桐村 喬・星田侑久著 2015.『GISを使った主題図作成講座 - 地域情報をまとめる・伝える』古今書院.

桐村 喬 2024.『ArcGIS Proではじめる地理空間データ分析』古今書院.

橋本雄一編 2022.『六訂版 GISと地理空間情報 - ArcGIS Pro3.0の活用』古今書院.

矢野桂司 2021.『GIS 地理情報システム』創元社.

ESRIジャパン「GIS基礎解説 - シェープファイル」https://www.esrij.com/gis-guide/esri-dataformat/shapefile/（2024年5月14日閲覧）.

ESRIジャパン「GISをはじめよう GIS基礎解説」https://www.esrij.com/getting-started/gis-guide/（2024年5月14日閲覧）.

◆ GISデータの空間分析・統計分析
（第8章，第9章，第11章，第12章）

浅見泰司・矢野桂司・貞広幸雄・湯田ミノリ編 2015.『地理情報科学‐GIS スタンダード』古今書院．

桐村 喬 2024.『ArcGIS Pro ではじめる地理空間データ分析』古今書院．

貞広幸雄・山田育穂・石井儀光編 2018.『空間解析入門‐都市を測る・都市がわかる‐』朝倉書店．

村上大輔 2022.『R ではじめる地理空間データの統計解析入門』講談社．

村山祐司・駒木伸比古 2013.『新版 地域分析‐データ入手・解析・評価‐』古今書院．

◆ GISを使った地域課題の解決（第13章）

愛知大学三遠南信地域連携研究センター編 2019.『地域研究のための空間データ分析入門‐QGIS と PostGIS を用いて‐』古今書院．

河端瑞貴 2022.『経済・政策分析のための GIS 入門1：基礎 二訂版』古今書院．

国土交通省「地域課題検討のための GIS 活用」https://www.mlit.go.jp/kokudoseisaku/kokudoseisaku_chiikikadai_gis.html（2024 年 5 月 15 日閲覧）．

中島 円 2021.『その問題、デジタル地図が解決します‐はじめての GIS』ベレ出版．

半井真明 2022.『まちの課題・資源を可視化する‐QGIS 活用ガイドブック‐』学芸出版社．

◆ GISと社会の関係（第14章，第16章）

若林芳樹・今井 修・瀬戸寿一・西村雄一郎編著 2017.『参加型 GIS の理論と応用‐みんなで作り・使う地理空間情報‐』古今書院．

◆ GISと災害・防災（第18章）

山岸宏光編 2018.『防災・環境のための GIS』古今書院．

◆ リモートセンシング（第19章）

一般社団法人リモート・センシング技術センター「リモートセンシングとは？」https://www.restec.or.jp/knowledge/index.html（2024 年 5 月 14 日閲覧）．

国土技術政策総合研究所「1. リモートセンシングとは」https://www.nilim.go.jp/lab/bcg/siryou/eiseireport/no2/1-1.pdf（2024 年 5 月 14 日閲覧）．

長澤良太・原 慶太郎・金子正美編 2007.『自然環境解析のためのリモートセンシング・GIS ハンドブック』古今書院．

日本リモートセンシング学会編 2011.『基礎からわかるリモートセンシング』理工図書．

長谷川 均 1998.『リモートセンシングデータ解析の基礎』古今書院．

JAXA Earth-graphy 地球観測衛星データサイト「地球観測衛星の基礎知識」https://earth.jaxa.jp/ja/eo-knowledge/index.html（2024 年 5 月 14 日閲覧）．

◆ 地理データサイエンス（第22章）

桐村 喬編 2019.『ツイッターの空間分析』古今書院．

神武直彦・関 治之・中島 円・古橋大地・片岡義明 2014.『位置情報ビッグデータ』インプレス R&D.

守山 正編 2022.『犯罪予測‐AI による分析‐』成文堂．

▶ 索 引

数字
2D ……………………………………………… 85
3D／3次元 ……………………………… 20,85
3次元表示 ……………………………………… 123
3次メッシュ（1 km メッシュ） …………35,77

A
AR（拡張現実）………………………………81,99
ArcGIS Online ……………………………… 85

C
CC BY………………………………………… 90
CC BY-SA ………………………………… 90
CC0 ………………………………………… 90

F
FOSS4G ……………………………………… 128

G
GeoAI ……………………………………… 126
GNSS（全地球航法衛星システム） ………… 2
Google マップ ……………………………… 84
GPS（全地球測位システム）… 2,34,78,123
GTFS ……………………………………… 39,67

I
IoT ………………………………………… 122

J
JGD2011 …………………………………… 21

L
Landsat …………………………………… 37,108
LiDAR……………………………………… 122

M
MaxEnt（最大エントロピーモデル）………… 76,77,115

N
NDVI ……………………………………… 55

O
OpenStreetMap（OSM）………………… 4,93,103

P
PLATEAU（プラトー）……………………… 80
POI ………………………………………… 122

S
Sentinel …………………………………… 37,108
Society5.0 ………………………………… 78,80

V
VR（仮想現実）………………………………81,99

W
WebGIS ……………………………… 5,83,100,120
WGS84 …………………………………… 21

X
XY データ ………………………………… 30

あ
空き家……………………………………… 118
アクセシビリティ ………………………… 100
アドレスマッチング………………………31,80
アペンド …………………………………… 26

い
意思決定…………………………………… 1,70
位置情報サービス………………………… 8
一般図……………………………………… 17
インターセクト …………………………… 28

え
衛星画像……………………… 37,58,104,106,122

お
オーバーレイ／オーバーレイ解析… 27,58,71,74,112,114
オープンサイエンス………………………… 128
オープンデータ……………… 9,34,70,75,80,89,91,100,123
オープンデータ憲章………………………… 91
オブジェクトモデル………………………… 12
オペレーションズリサーチ………………… 67
オルソ幾何補正…………………………… 112

か
カーネル密度推定…………………………59,60
回帰分析…………………………………… 47
階級区分図………………………………… 3,18
解像度／空間解像度／空間分解能………… 29,54,107
改変禁止…………………………………… 90
重ねるハザードマップ…………………… 100
可視・近赤外リモートセンシング………… 106
仮説検定…………………………………… 47
画像強調…………………………………… 109
カナダ地理情報システム（CGIS）………… 78
可変単位地区問題………………………… 50
カラー合成………………………………… 109
カルトグラム……………………………… 19

き

機械学習……………………………………… 123
基盤地図情報………………………………… 34
基盤的防災情報流通ネットワーク（SIP4D）…… 102
教師付き分類………………………………… 110
教師無し分類………………………………… 110
距離減衰……………………………………… 61

く

空間依存性（従属性）…………………… 52,124
空間検索…………………………………… 23,25
空間参照……………………………………… 32
空間データマイニング…………………… 123,124
空間補間……………………………………… 61
空中写真………………………………… 104,112
クライアント………………………………… 83
クライシスマッピング……………………… 103
クラウド……………………………………… 84
クラウド GIS…………………………… 83,84
クラスター分析…………………………… 47,49
クリエイティブコモンズライセンス……… 89,90
クリップ……………………………………… 27

け

経済センサス………………………………… 35

こ

公開型 GIS…………………………………… 5
国勢調査…………………………………… 35,49
国土数値情報……………………………… 34,74
コストパス解析……………………………… 59
コントロールポイント……………………… 33
コンパクトシティ…………………………… 117

さ

サーバー……………………………………… 83
災害復興計画基図…………………………… 104
最短経路探索………………………………… 65
再配布………………………………………… 89
座標系……………………………………… 21,30
参加型 GIS………………………………… 89,103

し

シェープファイル…………………………… 15
ジオコーディング…………………………… 31
ジオコンピュテーション…………………… 122
ジオタグ……………………………………… 124
ジオデータベース（Geodatabase: gdb）………… 15
ジオデザイン………………………………… 104
ジオデモグラフィクスデータ……………… 49
ジオリファレンス………………………… 32,33
時間距離……………………………………… 66

さ（事業所欄）

事業所・企業統計調査……………………… 35
施設配置問題………………………………… 69
自然環境調査 Web-GIS……………………… 35
住民参加型…………………………………… 77
縮尺…………………………………………… 22
主題図………………………………………… 17
巡回セールスマン問題……………………… 67
小地域…………………………………… 35,69
植生調査……………………………………… 35
シングルパートフィーチャ………………… 15
人工知能（AI）………………………… 6,123
人流データ……………………… 1,10,36,123

す

水系…………………………………………… 56
数値標高モデル（DEM）……………… 16,34,54
スタンドアロン……………………………… 83
ストーリーマップ…………………………… 86
スマートシティ……………………………… 81

せ

生態学的誤謬………………………………… 50
セル（ピクセル）………………………… 15,54

そ

相関…………………………………………… 47
ソーシャルネットワーキングサービス（SNS）…… 102
ソーシャルメディア………………………… 122
測位技術……………………………………… 8
属性検索……………………………………… 23
測地系………………………………………… 30

た

ダイクストラ法……………………………… 65
タクシー……………………………………… 79
多重リングバッファ………………………… 41
多変量解析…………………………………… 47
探索的空間データ分析……………………… 123

ち

地域メッシュ………………………………… 50
地図表現…………………………………… 18,19
地理院地図………………………………… 4,99
地理行列……………………………………… 47
地理空間情報……………………………… 1,2
地理空間情報活用推進基本法…………… 1,9
地理空間情報高度活用社会（G 空間社会）……… 5,9
地理座標系………………………………… 21,31
地理情報科学（GIScience）……………… 1,6
地理情報システム…………………………… 1
地理情報標準………………………………… 2
地理総合………………………………… 6,101,119

て

ティーセン分割··· 43
ディゾルブ··· 27
適地選定··· 58
デジタル人文学·· 127
デジタルアーカイブ·· 105
デジタルツイン·· 101
電子国土基本図··· 4
点分布······································· 50,59

と

投影座標系····························· 21,31,42
投影法·· 21
統計地図··· 2
統合災害情報システム（DiMAPS）················ 102
トゥルーカラー·· 109
道路ネットワークデータ······································· 36
道路網··· 63
土地被覆··· 37
土地被覆分類·· 110
トムリンソン·· 78
ドロネー三角形分割····················· 44,45,46

な

内挿··· 61
ナチュラルカラー·· 109

ね

熱赤外リモートセンシング···································· 106
ネットワーク··· 63
ネットワーク分析··················· 59,63,80

の

農林業センサス··· 35

は

ハザードマップ··· 99
波長··· 107
波長帯（バンド）·· 108
バッファ··································· 41,71
パブリックドメイン··· 90
パンクロマチック··· 109
パンシャープン··· 109
阪神・淡路大震災··· 78
凡例··· 22

ひ

ヒートマップ·· 19
非営利··· 90
ビッグデータ····························· 6,9,122
表示・継承·· 90

ふ

フィーチャ··· 14
フォールスカラー·· 109

へ

平年値（気候）メッシュ······································· 74
平面直角座標系··· 21
ベクターデータ··· 13
ベクターデータモデル·· 13

ほ

ポイント··· 13
方位記号··· 22
ホットスポット·································· 53,61
母点··· 41
ポリゴン······································· 13,42
ボロノイ分割·································· 43,46

ま

マージ··· 26
マルチスペクトル··· 109
マルチパートフィーチャ······································· 15

み

みちびき·· 2

む

無人小型航空機（ドローン）·································· 97

め

メッシュ······································· 3,69
メルカトル図法··· 21

や

野外調査··· 95

ゆ

ユニオン··· 28

ら

ライフライン·· 10
ライン··· 13,42
ラスター演算·································· 29,55,59
ラスターデータ······················· 13,54,58,106
ラスターデータモデル·· 13

り

リアルタイム情報·· 102
リスクマップ·· 73
リモートセンシング·································· 106,122
リレート··· 25

れ

レイヤー·· 4,13

【著者紹介】

桐村 喬（きりむら たかし）＜担当章：はじめに・第 4 章・第 12 章・第 14 章・第 15 章・第 16 章・おわりに＞

京都産業大学文化学部京都文化学科．2010 年立命館大学大学院文学研究科博士課程後期課程修了．博士（文学）．2010 年より立命館大学衣笠総合研究機構ポストドクトラルフェロー，2013 年より日本学術振興会特別研究員，2014 年より東京大学空間情報科学研究センター助教，2016 年より皇學館大学文学部助教，2019 年より同准教授，2023 年より京都産業大学文化学部准教授．主な著書として『ArcGIS Pro ではじめる地理空間データ分析』（単著，2024），『ツイッターの空間分析』（編著，2019），『GIS を使った主題図作成講座』（共著，2015）など．

上杉 昌也（うえすぎ まさや）＜担当章：第 1 章・第 9 章・第 11 章・第 13 章（分担）・第 18 章・第 22 章＞

福岡工業大学社会環境学部社会環境学科．2015 年東京大学大学院工学系研究科博士課程修了．博士（工学）．2015 年より立命館大学衣笠総合研究機構日本学術振興会特別研究員，2018 年より福岡工業大学社会環境学部助教，2020 年より同准教授．

米島 万有子（よねじま まゆこ）＜担当章：第 3 章・第 5 章・第 7 章・第 13 章（分担）・第 19 章＞

熊本大学大学院人文社会科学研究部．2014 年立命館大学大学院文学研究科博士課程後期課程修了．博士（文学）．2014 年より立命館大学立命館グローバル・イノベーション研究機構（R-GIRO）専門研究員，2015 年より立命館大学衣笠総合研究機構専門研究員，2016 年より熊本大学大学院人文社会科学研究部准教授．

相 尚寿（あい ひさとし）＜担当章：第 2 章・第 6 章・第 8 章・第 17 章・第 21 章＞

昭和女子大学人間社会学部現代教養学科．2010 年東京大学大学院工学系研究科博士課程修了．博士（工学）．東京大学大学院新領域創成科学研究科技術補佐員，同大学院工学系研究科特任助教，首都大学東京都市環境学部助教，東京大学空間情報科学研究センター助教などを経て，2022 年より現職．主な著書として『Studies in Housing and Urban Analysis in Japan』（共著，2024），『ピークレス都市東京』（共著，2023），『空間解析入門』（共著，2018）など．

鈴木 重雄（すずき しげお）＜担当章：第 10 章・第 20 章＞

駒澤大学文学部地理学科．2008 年広島大学大学院国際協力研究科博士課程後期課程修了．博士（学術）．2008 年より立命館大学文学部実習助手，2010 年より立正大学地球環境科学部助教，2013 年より同特任講師，2017 年より駒澤大学文学部准教授，2023 年より同教授．

書　名	**基礎から学ぶ GIS・地理空間情報**
コード	ISBN978-4-7722-3205-0　C3055
発行日	2024（令和 6）年 9 月 30 日　初版第 1 刷発行
著　者	**桐村　喬・上杉昌也・米島万有子・相 尚寿・鈴木重雄** Copyright　©2024　Kirimura Takashi, Uesugi Masaya, Yonejima Mayuko, Ai Hisatoshi and Suzuki Shigeo
発行者	株式会社 古今書院 橋本寿資
印刷所	株式会社 太平印刷社
発行所	株式会社 古今書院
	〒113-0021　東京都文京区本駒込 5-16-3
電　話	03-5834-2874
ＦＡＸ	03-5834-2875
ＵＲＬ	https://www.kokon.co.jp/
	検印省略・Printed in Japan